전기기기제작

실험|실습

원우연 · 김홍용 · 최태환 공저

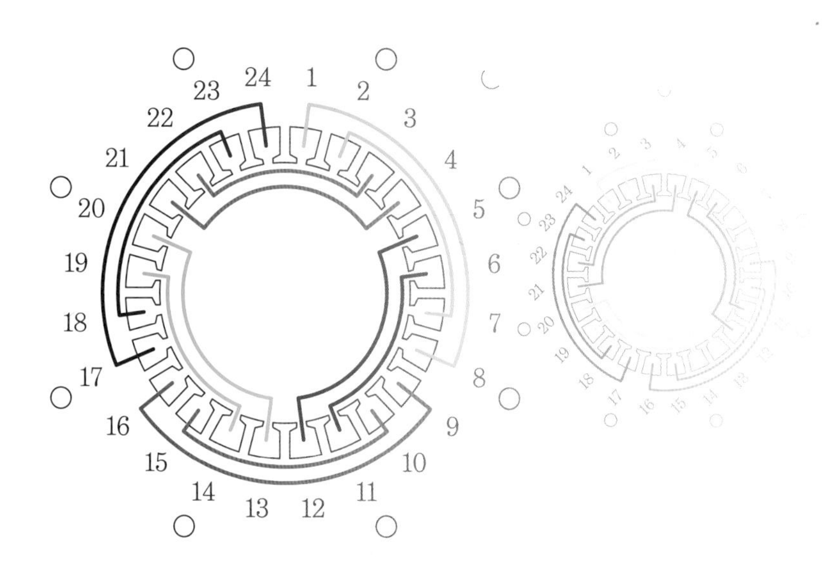

일진사

머리말

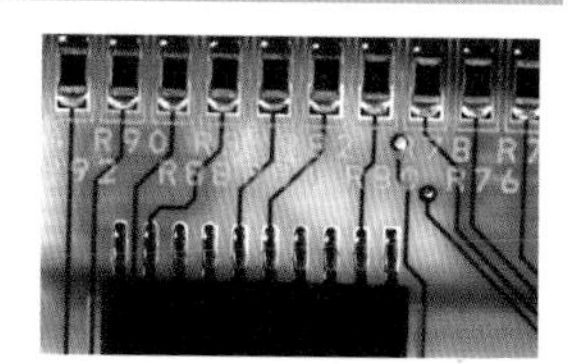

전기 기기는 첨단 기술과 과학 문명이 급속히 발전하는 과정에서 많은 분야와 융합되고 우리 일상생활과 산업분야에 널리 이용되고 있으며, 현대 산업 사회에서 가장 중요한 기술이 되고 있다.

본 교재는 이러한 경향에 맞추어 전기 기기를 처음 접하는 학습자가 원리와 내용을 쉽게 이해하고 기능을 학습하는 데 도움을 주고자 집필하였으며, 다음과 같은 특징으로 구성하였다.

첫째, 현장 실무에서 많이 사용되는 유도 전동기의 종류별 제작 방법을 중점적으로 다루었다.

둘째, 전기 기기 제작을 처음 접하는 학습자에게 배선의 이해를 돕고자 결선 상태를 자세하게 이미지로 표현하여 쉽게 이해할 수 있도록 하였다.

셋째, 전기 기기 제작의 기초부터 응용까지 체계화하여 누구나 쉽게 기능을 습득할 수 있도록 하였으며, 유도 전동기 제작 과제에는 동영상 QR코드를 삽입하여 실습 교재로 활용하기 적합하도록 구성하였다.

끝으로 본 교재를 활용하여 공부하는 학생들에게 전기 기기 제작 기술에 응용되는 모든 분야에서 전반적인 이해의 폭을 넓히고, 산업 현장에서 유능한 기술자로 국가 산업 발전에 이바지하기를 바란다. 미흡한 부분이 있다면 앞으로 보완해 나갈 것을 약속드리면서 본서를 발간하기까지 많은 도움을 주시고 꼼꼼히 검토해 주신 **일진사** 편집부 여러분의 노고에 진심으로 감사드린다.

저자 씀

차례

CHAPTER 1 유도 전동기 이론

CHAPTER 2 SNET-E100 전기 기기 제작 실험·실습 장비

CHAPTER 3 기타 실습 재료

CHAPTER 4 장비 운영 방법

CHAPTER 5 실험·실습 과제

1장

유도 전동기 이론

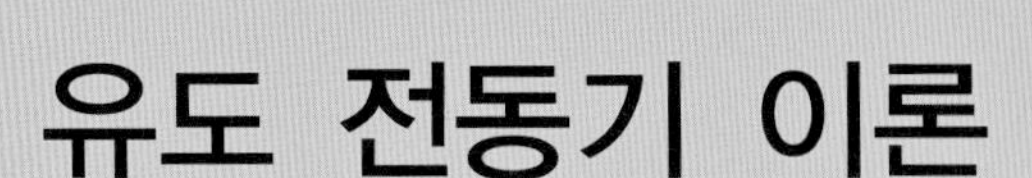

1 유도 전동기 이론

유도 전동기는 전자 유도 법칙에 의해 작동하는 기기로 회전 자기장을 이용하여 회전한다. 생활 주변에서 쉽게 얻을 수 있는 3상이나 단상의 교류 전원을 이용하기 때문에 가장 널리 사용되고 있으며, 구조가 튼튼하고 가격이 싸며 취급과 운전이 쉽다는 장점이 있다. 이 장에서는 유도 전동기의 원리와 구조, 이론, 특성, 기동 방법 등에 대해 알아보기로 한다.

1-1 유도 전동기의 원리 및 구조

1 유도 전동기의 원리

[그림 1-1]과 같이 알루미늄으로 만든 원판을 그림과 같은 자석의 N극과 S극 사이에 놓고 화살표 방향으로 자석을 회전시키면 원판은 자석의 회전 속도보다 약간 느린 속도로 같은 방향으로 회전하게 된다. 이는 N극과 S극 사이의 자기장을 금속인 원판이 쇄교하면서 발생하는 기전력에 의한 현상이며, 유도 전동기는 이러한 현상을 응용한 장치이다. 이 원판을 **아라고의 원판**이라고 부른다.

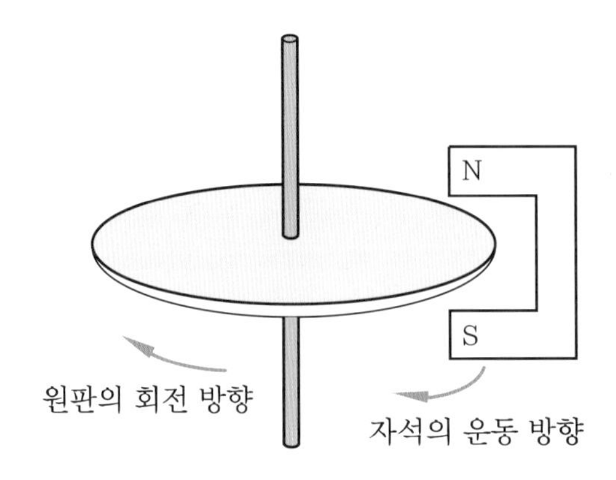

[그림 1-1] 아라고의 원판

(1) 회전 자기장

[그림 1-2]와 같이 코일 aa', bb', cc' 를 $\frac{2\pi}{3}$[rad]의 간격으로 배치하고 여기에 3상 교류 전원을 인가하면 120°의 위상차를 가진 3상 교류 전류가 흐른다. 이때 각 코일에는 앙페르의 오른나사 법칙에 의해 회전 자기장이 발생한다.

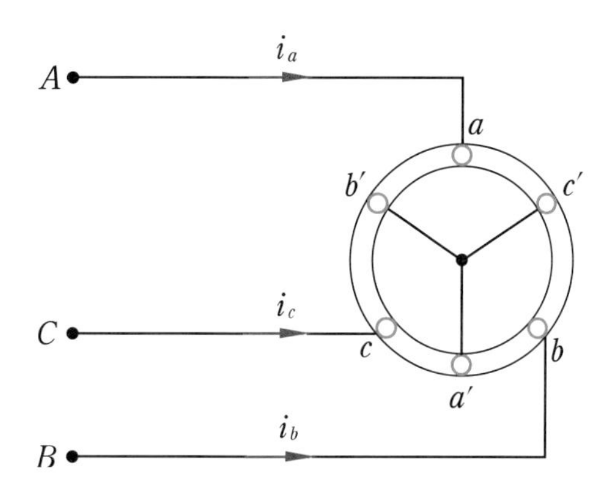

[그림 1-2] 3상 교류 전원의 권선 배치

이때 코일의 결선은 Y결선으로 하며, 각 코일에 흐르는 3상 전류는 [그림 1-3]과 같이 나타난다.

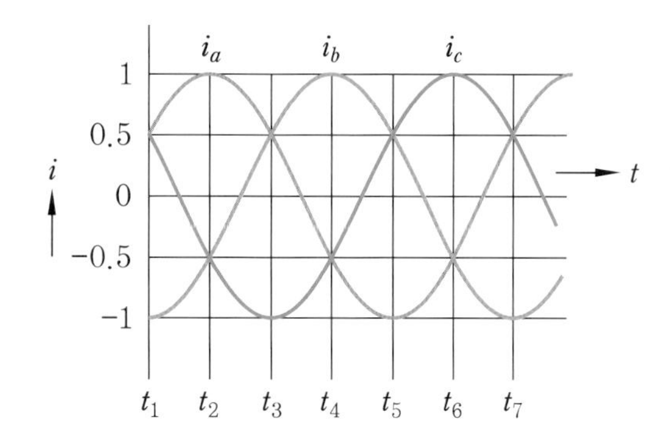

[그림 1-3] 3상 교류 전류

[그림 1-3]에서 시간에 따른 각 전류의 극성은 [표 1-1]과 같다.

[표 1-1] 시간에 따른 유도 전동기 각 상 전류의 극성 변화

시간	t_1	t_2	t_3	t_4	t_5	t_6	t_7
i_a	+	+	+	−	−	−	+
i_b	−	−	+	+	+	−	−
i_c	+	−	−	−	+	+	+

그러므로 코일에 흐르는 전류에 의해 만들어지는 합성 자속의 방향은 시간의 흐름에 따라 [그림 1-4]와 같이 회전하게 된다. 이와 같이 유도 전동기는 3상 교류에 의해 만들어지는 회전자계에 의해 회전자를 일정한 속도로 회전시킬 수 있다.

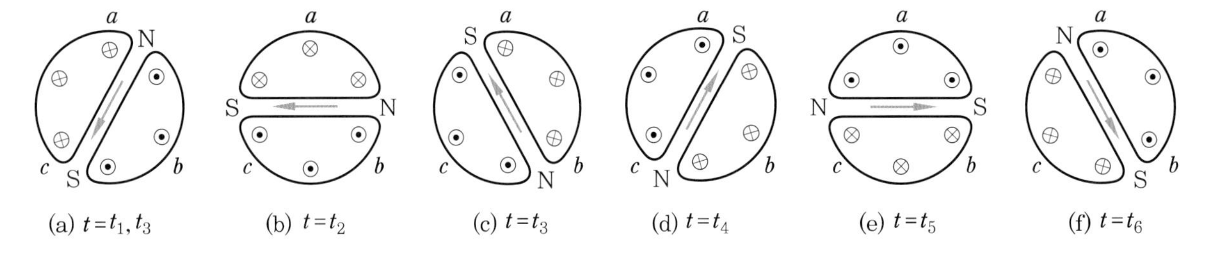

[그림 1-4] 2극의 회전 자기장

(2) 동기 속도

회전 자기장이 1회전하는데 걸리는 시간은 한 상이 최고점에서 다음 최고점까지 걸리는 시간, 즉 전원의 주기와 같다. 그러므로 초당 회전수 n_s는 전원의 주기 T의 역수로 나타내고 이는 주파수 f와 같다. 그러므로 자속이 회전하는 속도인 3상 유도 전동기의 속도는 다음과 같이 나타낼 수 있으며, 이를 동기 속도 N_S라 한다.

$$N_S = \frac{120f}{p} \qquad \text{식 (1.1)}$$

여기서, p : 극수

f : 전원 주파수(Hz)

2 유도 전동기의 구조

3상 유도 전동기는 3상 권선을 감은 고정자와 회전 자계에 의해 회전하는 회전자의 두 부분으로 구성되어 있다.

(1) 고정자

고정자는 3상 권선을 감아 회전 자계를 만들어 주는 부분으로, **고정자 프레임**과 **고정자 철심**, **고정자 권선**으로 되어 있다. 고정자 프레임은 전동기 전체를 지탱해주는 부분으로 전동기의 가장 바깥쪽에 위치하고 있으며, 고정자 철심은 원형 또는 부채꼴 모양으로 잘라낸 두께 0.35~0.5 mm 규소 강판을 성층하여 제작한다.

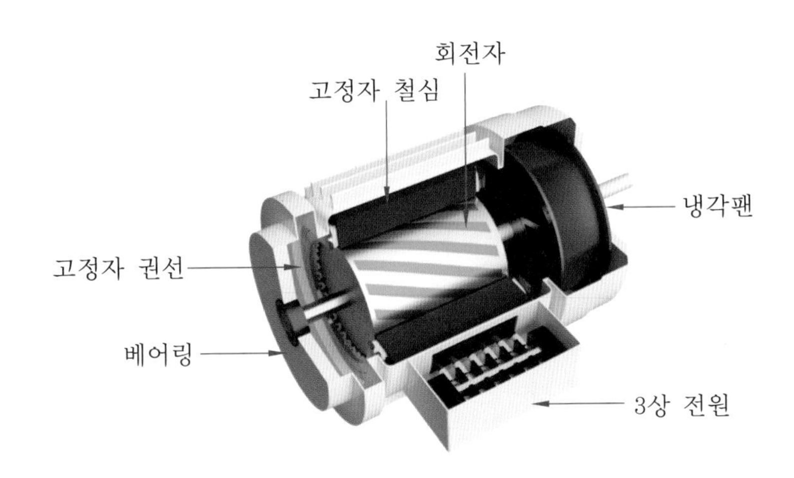

[그림 1-5] 3상 농형 유도 전동기

고정자 슬롯에 넣은 고정자 권선은 2층 중권으로 감은 3상 권선이며, 소형 전동기의 경우 일반적으로 4극이고 슬롯 수는 24개 또는 36개이다. 이때 1극 1상의 슬롯 수 N_{SP}는 다음과 같다.

$$N_{SP} = \frac{\text{슬롯 수}}{\text{극수} \times \text{상수}} \qquad \text{식 (1.2)}$$

(2) 회전자

고정자에서 발생하는 회전자계에 이끌려 회전하는 회전자는 **축, 철심, 권선**의 세 부분으로 구성되어 있으며, **농형 회전자**와 **권선형 회전자**로 구분된다. 회전자의 철심은 규소 강판을 성층하여 만들며, [그림 1-6]과 같이 원형으로 바깥둘레에 슬롯을 만든다.

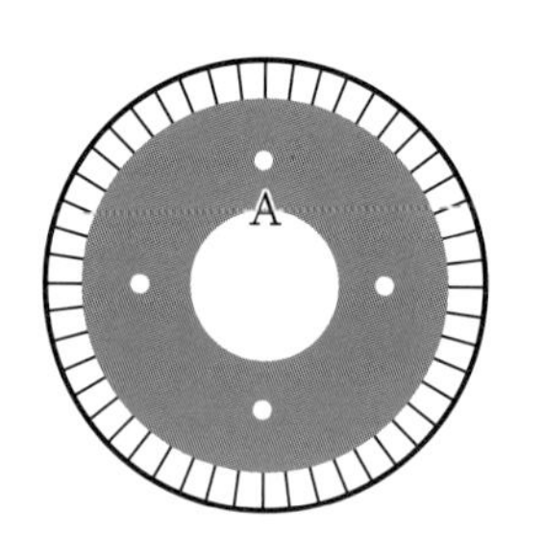

[그림 1-6] **회전자 철심**

① 농형 회전자

농형 회전자는 구리 또는 알루미늄 도체를 사용한 것으로 [그림 1-7]과 같이 도체의 양끝을 구리로 만든 **단락 고리**에 붙여 접속한다. 농형 회전자는 회전자의 홈이 축 방향에 평행하지 않고 비뚤어져 있는데 이는 자속을 끊을 때 발생하는 소음을 억제하고 기동 특성과 파형을 개선하는 효과가 있다. 농형 회전자는 구조가 간단하고 취급이 용이하나 기동 전류가 크고 회전력이 적은 특징이 있어 주로 소형 전동기에 사용된다.

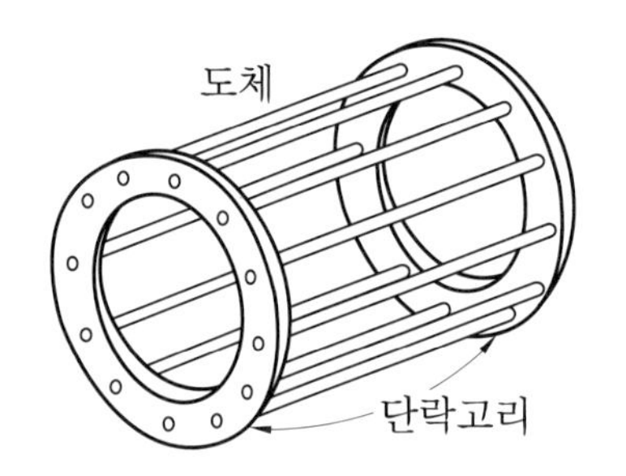

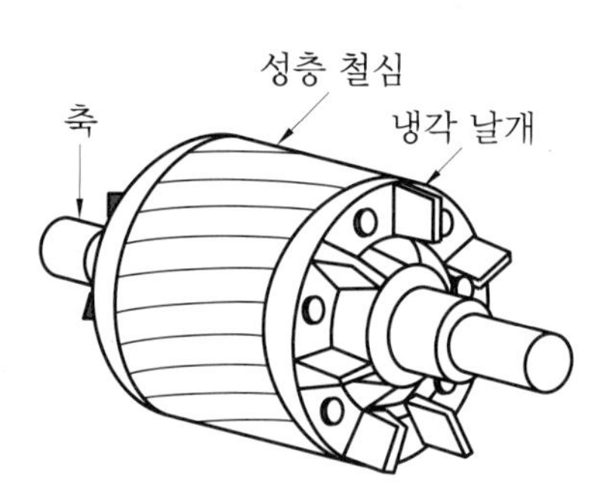

[그림 1-7] **농형 회전자**

② 권선형 회전자

권선형 회전자는 회전자 철심의 슬롯에 구리 도체를 넣어서 고정자 권선과 같이 3상 권선을 한 것이다. 권선형 회전자 내부 권선의 결선은 [그림 1-8]과 같이 Y결선으로 하고 3상 권선의 세 단자는 각각 3개의 **슬립링**에 접속하여 브러시를 통해 외부에 있는 기동 저항기에 연결한다.

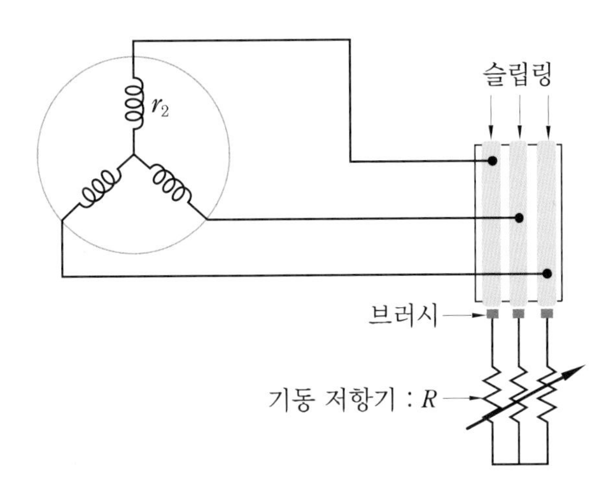

[그림 1-8] **권선형 유도 전동기의 기동 회로**

기동 저항기를 이용하여 2차 저항을 가변하면 기동 전류를 전부하 전류의 100~150 % 정도로 제한할 수 있고 기동 토크를 개선하며, 속도 조정도 자유로이 할 수 있는 이점이 있다. 그러나 회전자의 구조가 복잡하고 운전이 까다로우며 효율과 능률이 떨어지는 단점이 있다.

(3) 공극

유도 전동기의 고정자와 회전자 사이에는 자기 회로를 구성하는 공극이 있다. 공극이 넓으면 기계적으로는 안전하지만 전기적으로는 자기 저항이 매우 크기 때문에 여자 전류가 커지고 역률이 현저하게 떨어진다. 그러나 공극이 지나치게 좁으면 누설 리액턴스가 증가하여 출력이 감소하고 철손이 증가한다. 유도 전동기의 공극은 0.3~2.5 mm 정도로 한다.

3 유도 전동기의 종류

(1) 상의 수

유도 전동기는 상의 수에 따라 단상 유도 전동기와 3상 유도 전동기로 분류되며, 단상 유도 전동기는 반발 기동형, 콘덴서 기동형, 분상 기동형, 셰이딩 코일형 등이 있다.

(2) 회전자의 구조

3상 유도 전동기는 회전자의 구조에 따라 농형 유도 전동기, 권선형 유도 전동기로 분류된다.

(3) 겉모양, 보호 방법, 통풍 방법

이외에 유도 전동기는 겉모양에 따라 개방형과 반밀폐형, 보호 방법에 따라 방진형, 방적형, 방수형과 방폭형, 그리고 통풍 방법에 따라 자기 통풍식과 타력 통풍식으로 구분된다.

1-2 3상 유도 전동기의 이론

1 유도 전동기의 작용

변압기에서는 1차 권선에 흐르는 전류에 의해 발생한 교번 자속이 2차 권선과 쇄교하여 2차 권선에 기전력을 유도하였다. 유도 전동기도 이와 같이 1차 권선에 흐르는 전류에 의한 회전자속이 2차 권선과 쇄교하고 전자 유도 작용으로 2차 권선에 전압을 유도하며 이에 따라 2차 전류가 흘러 2차 전류와 회전자속 사이에 발생하는 전자력에 의해 토크가 발생한다. 이와 같이 유도 전동기의 자속, 전압, 전류 등의 관계는 변압기와 작용이 비슷하기 때문에 유도 전동기의 고정자 측을 1차 측, 회전자 측을 2차 측이라 한다. 그러나 변압기는 정지하고 있는 정지기고 유도 전동기는 회전하는 회전기라는 점이 다르다.

2 회전수와 슬립

유도 전동기의 2차 측인 회전자가 동기 속도로 회전한다면 2차 도체와 회전자계의 상대 속도가 0이 되고, 이때 2차 도체는 자속을 끊지 못하기 때문에 2차 측에 전압이 유도되지 않는다. 즉, 2차 회로에 전류가 흐르지 않고 토크도 발생하지 않으므로 회전자의 속도는 동기 속도 이하이어야 한다.

(1) 슬립

3상 유도 전동기는 항상 회전 자기장의 동기 속도 N_S와 회전자의 속도 N 사이에 차이가 생기며, 이 차이와 동기 속도와의 비를 **슬립** s이라고 한다.

$$s = \frac{N_S - N}{N_S} \qquad \text{식 (1.3)}$$

슬립은 3상 유도 전동기의 속도를 나타내는 한 방법이며, 슬립이 커지면 회전자의 속도는 감소하고 슬립이 작아지면 속도는 증가한다.

$$\left.\begin{aligned} &N_S - N = s \cdot N_s[\text{rpm}] \\ &N = (1-s) \cdot N_S[\text{rpm}] \\ &N = \frac{120f(1-s)}{p}[\text{rpm}] \end{aligned}\right\} \qquad \text{식 (1.4)}$$

(2) 회전자의 상태에 따른 유도 전동기의 슬립

전동기의 회전자가 정지해 있을 때 슬립 s는 1이 되고, 동기 속도로 회전한다면 슬립 s는 0이 된다. 그러므로 회전하고 있는 유도 전동기의 슬립은 $0 < s < 1$이 되며, 소형 전동기의 경우 5~10 %, 중·대형 전동기의 경우는 2.5~5 %가 된다.

3 회전자의 유도 기전력과 주파수

(1) 전동기가 정지하고 있는 경우

유도 전동기는 전동기의 작용과 유사하므로 1차 권선에서 1상의 직렬 권선 횟수를 N_1, 1극당 평균 자속을 ϕ, 주파수를 f_1이라고 하면 1차 권선의 1상에 유도되는 기전력 E_1은 다음과 같다.

$$E_1 = 4.44 k_{w1} f_1 N_1 \phi [\mathrm{V}] \qquad \text{식 (1.5)}$$

여기서, k_{w1} : 1차 권선 계수
f_1 : 전원의 주파수
N_1 : 1상에 직렬로 감긴 권선 수
ϕ : 1극당의 평균 자속

회전자가 정지하고 있을 때에는 1차 권선을 쇄교하는 회전자계가 2차 권선도 동일한 속도로 쇄교하기 때문에 2차 권선의 1상에 유도되는 기전력의 실횻값 E_2는 다음 식 (1.6)과 같다. 이때 1차 측과 2차 측의 주파수간에는 $f_2 = sf_1$과 같은 관계가 있다.

$$E_2 = 4.44 k_{w2} f_2 N_2 \phi = 4.44 k_{w2} f_1 N_2 \phi [\mathrm{V}] \qquad \text{식 (1.6)}$$

여기서, k_{w2} : 2차 권선 계수
f_2 : 2차 권선에 유도되는 기전력의 주파수
N_2 : 2차 권선에 직렬로 감긴 권선 수
ϕ : 1극당의 평균 자속

식 (1.5)와 (1.6)을 비교하면 정지 시 권수비 a는 식 (1.7)과 같다.

$$\frac{E_1}{E_2} = \frac{k_{w1} f_1 N_1}{k_{w2} f_2 N_2} = \frac{k_{w1} N_1}{k_{w2} N_2} = a \qquad \text{식 (1.7)}$$

(2) 전동기가 회전하고 있는 경우

회전자가 N[rpm]의 속도로 회전하고 있는 경우 동기 속도와 회전자의 속도와의 차, 즉 상대 속도는 $N_S - N = sN_S$와 같이 나타낸다. 이 상대 속도는 회전자가 정지하고 있을 때보다 s배가 크므로, 2차 측의 주파수와 2차 측의 유도 기전력은 다음과 같이 나타낼 수 있다.

$$f_2 = sf_1[\text{Hz}]$$
$$E_{2s} = sE_2[\text{V}] \qquad \text{식 (1.8)}$$

여기서, sf_1은 슬립 주파수라 하고 $E_{2s} = sE_2$는 슬립 s에서의 회전자의 유도 기전력이라고 한다.

4 유도 기전력과 여자 전류

유도 전동기의 1차 측인 고정자 권선에 3상 전류를 흘려주면 고정자 권선에 전류가 흐르면서 회전 자기장이 만들어진다. 이때 회전 자기장이 만들어주는 전류를 **여자 전류** I_0라고 한다. 여자 전류 I_0와 유도 기전력 E_1의 상관 벡터도는 다음과 같다.

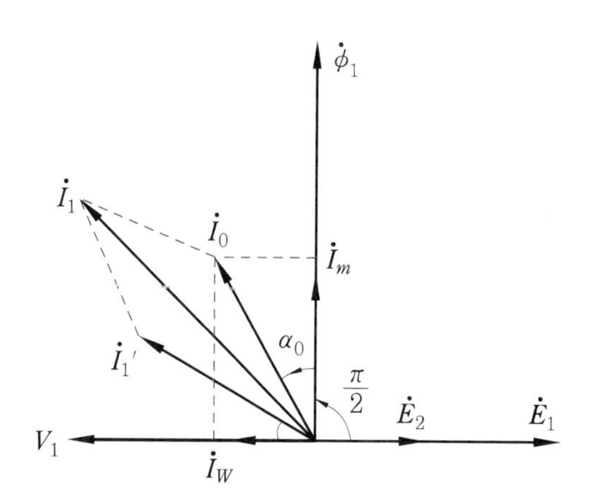

[그림 1-9] 여자 전류와 유도 기전력의 상관 벡터도

5 유도 전동기의 등가 회로

3상 유도 전동기의 등가 회로는 변압기의 등가 회로와 유사하다. 이를 통해 전류, 전력, 효율 등을 쉽게 계산할 수 있다.

(1) 정지 중인 유도 전동기의 회로

정지해 있는 유도 전동기의 회로는 [그림 1-10]과 같이 나타낼 수 있다.

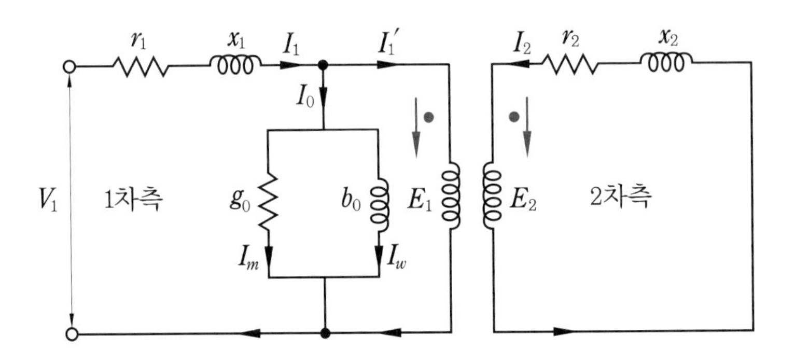

[그림 1-10] 정지 중인 유도 전동기의 회로

정지 중에 슬립 $s=1$이 되며, 이때 2차 측인 회전자 도체에 흐르는 2차 전류는 식 (1.9)와 같다.

$$I_2 = \frac{E_2}{\sqrt{r_2^{\,2} + x_2^{\,2}}} \qquad \text{식 (1.9)}$$

(2) 운전 중인 유도 전동기의 회로

유도 전동기가 슬립 s로 회전하고 있을 때 2차 유도 기전력은 sE_2이고, 2차 리액턴스는 sx_2, 2차 저항은 r_2이므로 운전 중인 유도 전동기의 등가 회로는 [그림 1-11]과 같다.

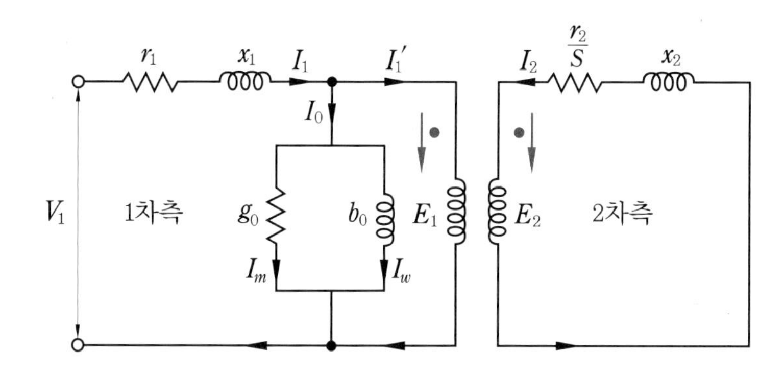

[그림 1-11] 운전 중인 유도 전동기의 회로

이때 2차 전류 I_2는 다음과 같이 산출된다.

$$I_2 = \frac{sE_2}{\sqrt{{r_2}^2 + (sx_2)^2}} = \frac{E_2}{\sqrt{\left(\frac{r_2}{s}\right)^2 + {x_2}^2}} \ \text{[A]} \qquad \text{식 (1.10)}$$

위 식 (1.10)과 [그림 1-11]로부터 유도 전동기의 2차 측 회로는 [그림 1-12]와 같이 변형시킬 수 있으며, 이로부터 유도 전동기의 부하 저항을 슬립과 2차 저항으로 나타낼 수 있다.

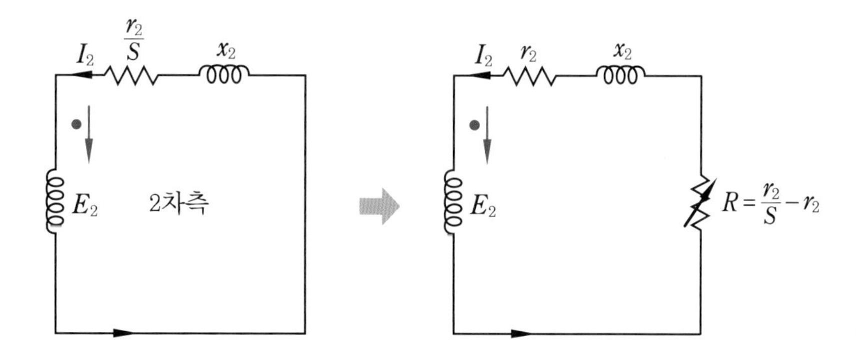

[그림 1-12] 등가 임피던스 회로

6 전력의 변환

유도 전동기 1차 입력의 대부분은 2차 입력이 되고, 2차 입력에서 발생하는 손실의 대부분은 2차 동손이 되어 없어지며, 나머지가 기계적인 출력으로 된다.

(1) 2차 입력

유도 전동기의 2차 입력 P_2는 2차 측 유도 기전력 E_2, 2차 전류 I_2, 그리고 역률 $\cos\theta$의 곱으로 나타낼 수 있다. I_2는 식 (11.10)으로부터 $I_2 = \dfrac{E_2}{\sqrt{\left(\dfrac{r_2}{s}\right)^2 + {x_2}^2}}$ [A]임을 유도하였고, 역률 $\cos\theta = \dfrac{\dfrac{r_2}{s}}{\sqrt{\left(\dfrac{r_2}{s}\right)^2 + {x_2}^2}}$ 이다. 즉 2차 입력 $P_2 = E_2 I_2 \cos\theta$는 다음과 같이 정리할 수 있다.

$$P_2 = \frac{E_2}{\sqrt{\left(\frac{r_2}{s}\right)^2 + {x_2}^2}} \times \frac{E_2}{\sqrt{\left(\frac{r_2}{s}\right)^2 + {x_2}^2}} \times \frac{r_2}{s} = {I_2}^2 \times r_2 \times \frac{1}{s} = \frac{P_{C2}}{s} \text{ [W]} \qquad \text{식 (1.11)}$$

여기서 ${I_2}^2 \times r_2$는 동손 P_{C2}이다.

(2) 2차 동손

위 식 (1.11)로부터 2차 동손 P_{C2}는 슬립과 2차 입력의 곱 sP_2로 나타낼 수 있음을 알 수 있다. 즉, 2차 입력에 슬립 s를 곱한 만큼의 전력이 2차 전체 저항손이 되어 없어진다. 또한 $s = \dfrac{P_{C2}}{P_2}$에서 슬립은 2차 전체 저항손에 비례하기 때문에 2차 권선의 저항이 적으면 슬립도 적게 됨을 알 수 있다.

(3) 2차 출력

유도 전동기의 기계적 출력 P_0는 2차 입력 P_2에서 2차 동손 P_{C2}를 뺀 값이다.

$$P_0 = P_2 - P_{C2} = P_2 - sP_2 = (1-s)P_2 \text{ [W]} \qquad \text{식 (1.12)}$$

또한, 다음과 같이 부하 저항의 형태로 나타낼 수 있다.

$$P_0 = (1-s)\times {I_2}^2 \times \frac{r_2}{s} = {I_2}^2 \times \left(\frac{1-s}{s}\times r_2\right)[\mathrm{W}] \qquad 식\ (1.13)$$

여기서 $\frac{1-s}{s}\times r_2$는 부하 저항 R과 같다.

(4) 2차 입력, 2차 동손, 2차 출력과 슬립 s와의 관계

위 식들로부터 2차 입력, 2차 동손, 2차 출력간의 비는 다음과 같이 정리할 수 있다.

$$P_2 : sP_s : (1-s)P_2 = 1 : s : 1-s \qquad 식\ (1.14)$$

(5) 토크와 동기 와트

전동기의 기계적인 출력은 일반적으로 각속도와 토크의 곱으로 나타낸다. 그러므로 전동기가 토크 τ[N·m], 회전수 n[rps]로 회전하고 있는 경우 기계적 출력 P_0는 다음과 같이 나타낼 수 있다.

$$P_0 = \omega\tau = 2\pi\frac{N}{60}\tau \qquad 식\ (1.15)$$

위 식으로부터 토크와 회전수와 출력에 관한 식을 정리하면 식 (1.16)과 같다.

$$\tau = \frac{60P_0}{2\pi N} = 9.55\times\frac{P_0}{N} = 9.55\times\frac{P_2}{N_S}[\mathrm{N\cdot m}] \qquad 식\ (1.16)$$

이와 같이 토크 τ는 2차 입력 P_2에 비례함을 알 수 있으며, P_2로 토크를 나타낸 것을 **동기 와트**로 나타낸 토크라 한다. 동기 와트란 동기 속도 하에서 전동기의 회전력을 의미하며 [W]로 전동기의 토크를 표시한 것이다.

7 손실과 효율

(1) 손실

유도 전동기의 손실은 고정손, 직접 부하손, 표유 부하손으로 분류된다. 고정손은 철손, 베어링 마찰손, 브러시 마찰손, 풍손 등이 있으며, 직접 부하손으로는 1차 권선의 저항손, 2차 회로의 저항손, 브러시 전기손 등이 있다. 이외에 부하가 걸리면 측정하기 곤란한 약간의 손실이 생기는데 이를 표유 부하손이라 한다.

(2) 효율

유도 전동기의 효율도 다른 기기와 같이 입력과 출력에 대한 비로 표시된다. 그러므로 유도 전동기의 2차 효율 η은 다음과 같이 나타낼 수 있다.

$$\eta = \frac{P_0}{P_2} \times 100 = (1-s) \times 100 = \frac{N}{N_S} \times 100\ \% \qquad \text{식 (1.17)}$$

1-3 3상 유도 전동기의 특성

1 속도 특성

유도 전동기의 1차 전류, 2차 전류, 토크, 기계적 출력, 역률, 효율 등은 슬립 s의 함수로 표시된다. 1차 전압을 일정하게 하고 슬립 또는 속도에 의하여 이들의 값이 어떻게 변하는가를 나타내는 곡선을 **속도 특성 곡선**이라고 한다.

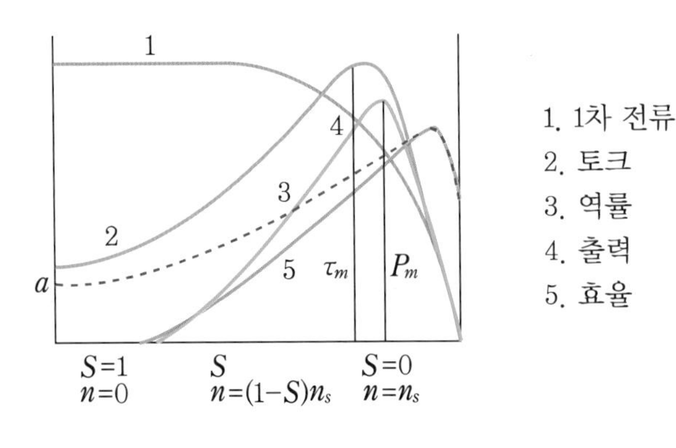

[그림 1-13] 속도 특성 곡선

(1) 슬립과 전류의 관계

유도 전동기의 2차 전류 I_2는 식 (1.10)에 의하면 전동기가 기동하는 순간, 즉 슬립 $s \fallingdotseq 1$의 근처에서는 슬립에 무관하게 거의 일정한 값을 갖는다. 전동기가 운전을 시작하게 되면 슬립 s는 감소하며, $s \fallingdotseq 0$의 근처에서는 $I_2 \fallingdotseq \dfrac{sE_2}{r_2}$가 되어 I_2는 거의 s에 비례한다.

(2) 슬립과 토크의 관계

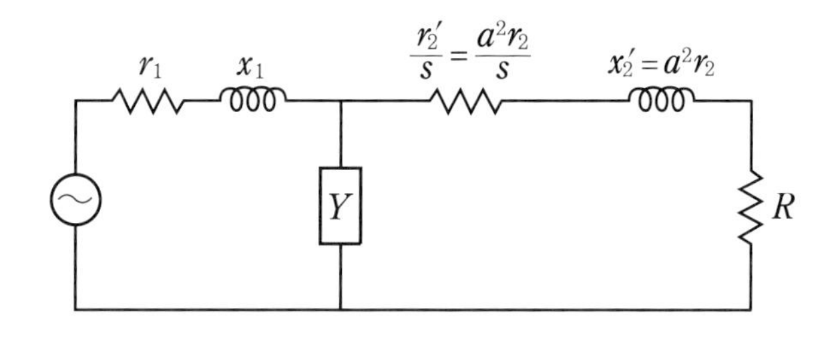

[그림 1-14] **운전 시 유도 전동기 등가 회로**

[그림 1-14]와 같은 유도 전동기간의 등가 회로에서 슬립 s가 일정하면, 토크는 공급 전압 V_1의 제곱에 비례한다.

$$\tau = \frac{60}{2\pi N_S} P_2 = \frac{60}{2\pi N_S} \cdot \frac{V_1{}^2 \cdot \dfrac{r_2{}'}{s}}{\left(r_1 + \dfrac{r_2{}'}{s}\right)^2 + (x_1 + x_2{}')^2} \ [\mathrm{N \cdot m}] \qquad \text{식 (1.18)}$$

전류와 토크를 슬립 s에 대해 추적하면 이 곡선의 모양은 대략 [그림 1-15]와 같다.

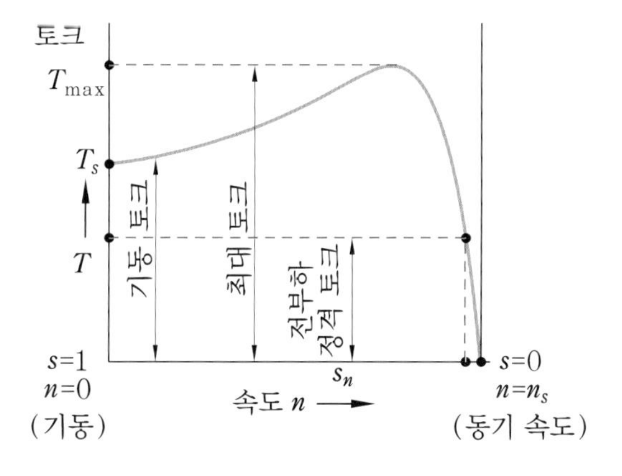

[그림 1-15] **속도 토크 곡선**

속도 토크 곡선에서 **기동 토크**는 $s=1$일 때의 토크이며, 공급 전압의 제곱에 비례한다. **전부하 토크**는 슬립 s가 0에 가까워지는 부근으로 2차 전류가 sE_2에 비례하게 된다. 최대 토크가 발생하는 조건은 식 (1.18)에서 분모가 최소일 때이므로 분모를 슬립 s에 대해 미분하면 $s=\dfrac{r_2}{\sqrt{{r_1}^2+(x_1+x_2)^2}}$ 이다. 이때 r_1과 x_1은 x_2에 비해 매우 작으므로 $s \fallingdotseq \dfrac{r_2}{x_2}$이며 **최대 토크** 값 $\tau_{\max}$는 다음과 같은 식으로 나타낼 수 있다.

$$\tau_{\max}=k\frac{{E_2}^2}{2x_2} \qquad \text{식 (1.19)}$$

이 식으로부터 최대 토크는 2차 저항 및 슬립과 무관하다는 것을 유추할 수 있다.

2 출력 특성

유도 전동기에 기계적인 부하를 가했을 때 그 출력에 의한 전류, 토크, 속도, 효율, 역률 등의 변화를 나타내는 곡선을 **출력 특성 곡선**이라 한다.

유도 전동기는 무부하 전류가 많이 흐르므로 역률이 낮다. 슬립은 약 5 % 정도로 거의 동기 속도로 운전하게 되며, 그 속도가 거의 일정한 정속도 전동기이다.

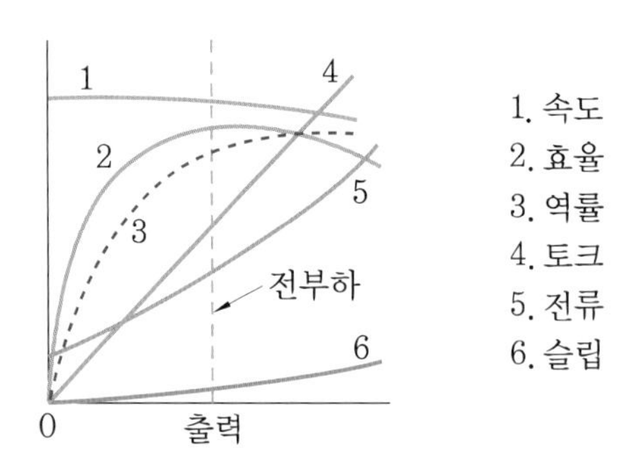

[그림 1-16] **출력 특성 곡선**

3 비례 추이

유도 전동기의 2차 측 전류와 토크는 식 (1.10)과 (1.18)에서 보는 바와 같이 $\dfrac{r_2}{s}$의 함수이다. 즉 r_2와 s가 변해도 그 비만 일정하면 I_2와 τ는 변하지 않는다는 것을 알 수 있다. r_2를 m배하면 같은 크기의 I_2와 τ는 슬립이 ms일 때 생기게 된다.

[그림 1-17]은 2차 회로 저항의 변화에 따른 토크 슬립 곡선을 나타낸 것이며, 이와 같이 일정한 전압 하에서 같은 전류, 같은 토크에 대한 슬립이 2차 저항에 비례해서 추이하는 현상을 **비례 추이**라고 한다.

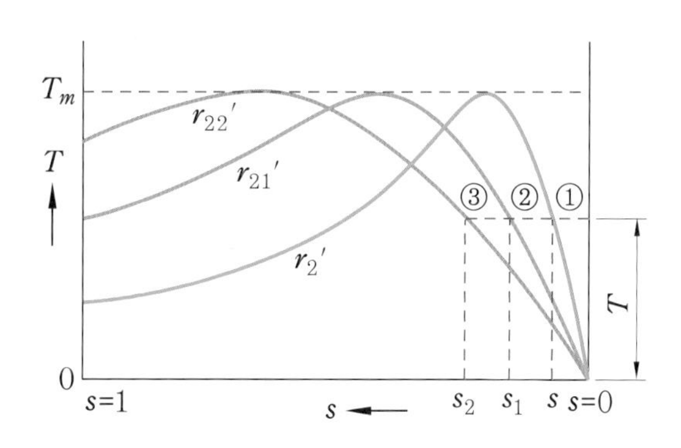

[그림 1-17] **비례 추이 곡선**

이러한 토크의 비례 추이는 2차 회로의 저항을 조정할 수 없는 농형 유도 전동기에는 응용할 수 없으나, 권선형 유도 전동기와 같이 2차 회로의 저항을 가변할 수 있는 경우에는 2차 저항 r_2를 조정함으로써 기동 토크를 가감할 수 있다. 다만, 최대 토크의 크기는 일정하며 최대 토크의 발생 시점은 조정이 가능하다. 이와 같은 비례 추이의 성질은 전류, 역률, 1차 입력 등에 적용된다.

4 원선도

유도 전동기의 특성을 실부하 시험을 하지 않아도 등기 회로를 바탕으로 한 **원선도**에 의해 전부하 전류, 역률, 효율, 슬립, 토크 등을 구할 수 있다. 원선도는 가변 저항의 전류 벡터의 궤적을 종축은 유효 전류, 횡축은 무효 전류로 하여 작성한 것이다. 이 때 1차 전류의 크기와 방향에 따라 벡터 궤적은 반원의 형태로 나타난다.

(1) 원선도 작성에 필요한 시험

① **무부하 시험** : 철손, 무부하 전류, 여자 어드미턴스

② **구속 시험** : 동손, 누설 임피던스 측정

③ 권선 저항 측정

(2) 원선도

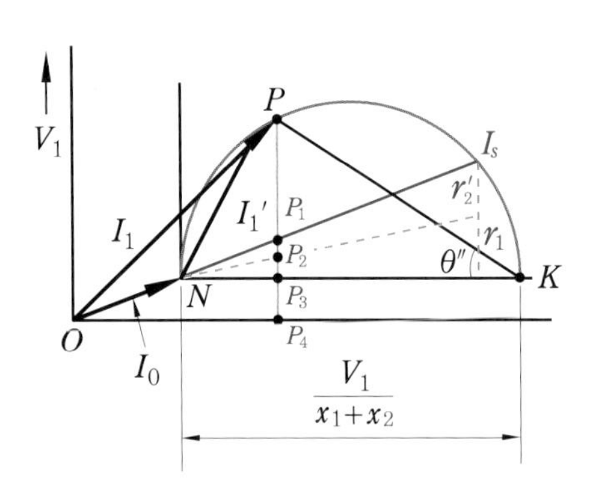

$\overline{PP_1}$	2차 출력
$\overline{P_1P_2}$	2차 동손
$\overline{PP_2}$	2차 입력
$\overline{P_2P_3}$	1차 동손
$\overline{P_3P_4}$	철손
$\overline{PP_4}$	1차 입력

$\frac{\overline{PP_1}}{\overline{PP_4}}$	전부하 효율
$\frac{\overline{PP_1}}{\overline{PP_2}}$	2차 효율
$\frac{\overline{P_1P_2}}{\overline{PP_2}}$	슬립
$\frac{\overline{PP_4}}{\overline{OP}}$	역률

[그림 1-18] **원선도**

1-4 3상 유도 전동기의 기동

1 농형 유도 전동기의 기동법

유도 전동기 기동 시 정격 전압을 가하면 회전자 권선에는 큰 기전력이 유기되므로 회전자에는 정격 전류의 5배 이상의 큰 전류가 흘러 권선을 가열시키고 전원 계통에 나쁜 영향을 주게 된다. 그러므로 안전한 기동을 위해 기동 전류를 제한하고 기동 토크를 크게 할 필요가 있다.

(1) 전전압 기동

기동 장치를 따로 쓰지 않고 직접 정격 전압을 가하여 기동하는 방법으로 직입 기동이라고도 한다. 보통 3.7[kW] 이하의 소형 유도 전동기에 적용되는 방식이다.

(2) $Y-\Delta$ 기동

전동기 용량이 5[kW] 이상이면 기동 전류값이 크기 때문에 $Y-\Delta$ 기동 방식이 채용되며, 보통 10~15[kW] 정도의 전동기에 쓰이는 방식이다.

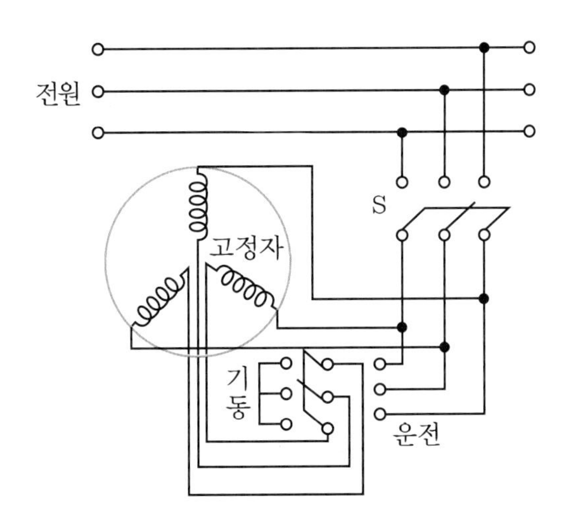

[그림 1-19] $Y-\Delta$ 기동 회로

전동기 기동 시 고정자 권선을 Y결선으로 하면 1차 각 상의 권선에는 정격 전압의 $\frac{1}{\sqrt{3}}$의 전압이 가해지며, 이때 기동 전류는 $\frac{1}{3}$이 되므로 전부하 전류에 비해 200~250 % 정도로 제한된다. 이후 속도가 전 속도에 도달할 때 Δ 결선으로 전환시키면 전전압이 가해진다. 토크는 전압의 제곱에 비례하므로 기동 토크도 $\frac{1}{3}$로 줄어들게 된다.

$$\left.\begin{aligned} V_p &= \frac{1}{\sqrt{3}} V_l \\ I_Y &= \frac{1}{3} I_\Delta \\ \tau_Y &= \frac{1}{3} \tau_\Delta \end{aligned}\right\} \qquad \text{식 (1.20)}$$

(3) 리액터 기동법

전동기의 1차 측에 직렬로 철심이 든 리액터를 접속하고, 리액터에 의한 전압 강하를 이용하여 기동 전류를 제한하는 기동법이다. 기동 후 일정시간이 지나면 리액터 양단을 개폐기로 단락하여 전전압을 가한다. 펌프나 송풍기와 같이 부하 토크가 기동할 때는 작고, 가속하는 데 따라 늘어나는 부하에 동력을 공급하는 전동기에 적합하다. 이 기동법은 구조가 간단하므로 15[kW] 이하에서 자동 운전 또는 원격 제어를 할 때 사용된다.

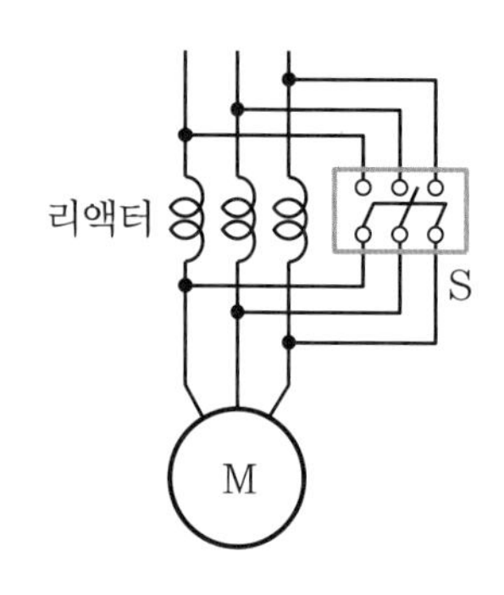

[그림 1-20] 리액터 기동

(4) 기동 보상기법

단권변압기를 사용하여 공급 전압을 낮추어 기동하는 방법으로 15[kW] 이상의 전동기에 사용된다. 정격 전압의 40~85 % 범위 안에서 2~4개의 탭을 내어 전동기의 용도에 따라 선택하여 사용하며, **콘돌퍼 기동**이라고 부른다.

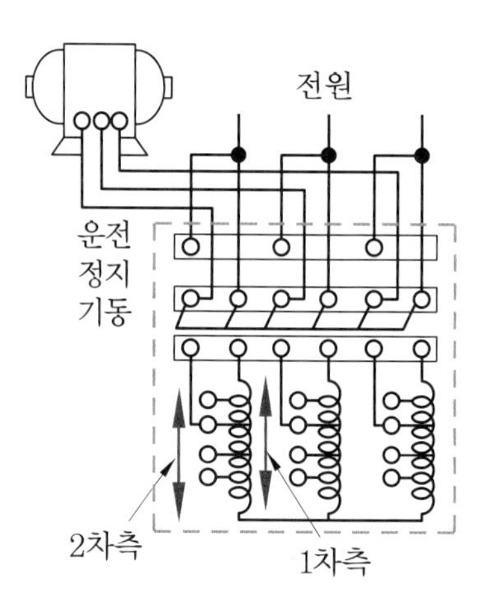

[그림 1-21] 기동 보상기 기동

2 권선형 유도 전동기의 기동 방법

권선형 유도 전동기의 회전자 측에 저항을 연결하면 비례 추이 특성에 의해 최대 토크 발생 시점을 조정할 수 있다. 그러므로 적당한 저항값을 인가하면 기동 전류를 제한하고 기동 시에 최대 토크가 되도록 할 수 있다.

3 회전 방향을 바꾸는 방법

3상 유도 전동기의 회전 방향을 바꾸려면 회전 자장의 회전 방향을 바꾸면 된다. [그림 1-22]와 같이 전원에 접속된 3개의 단자 중에서 임의의 2개를 바꾸어 접속하면 전동기의 회전 방향이 반대로 된다.

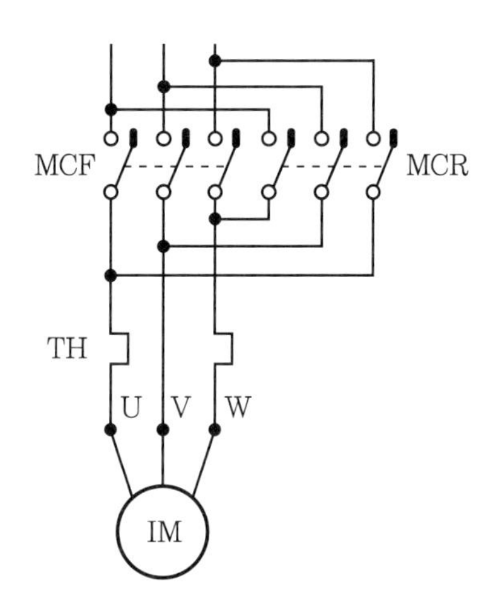

[그림 1-22] 3상 유도 전동기의 정·역 회로

4 유도 전동기의 속도 제어

유도 전동기의 속도 제어는 슬립, 극수, 주파수 등의 3가지 중 어느 하나를 변화시키면 제어가 된다.

(1) 2차 저항 조정법

2차 회로의 저항을 조정하여 비례 추이를 이용, 슬립 s로 속도를 제어하는 방법으로 권선형 유도 전동기의 속도 제어 방식이 있다. 슬립이 증가하면 회전자의 속도는 감소하므로 속도 변화가 용이하고, 간단한 방법이지만 2차 동손이 커져 효율이 좋지 않다는 단점이 있다. 기중기, 권상기 등 중용량 이하의 전동기에 널리 쓰이며, 속도 조정 범위는 약 4 % 정도이다.

(2) 주파수 변환법

전동기의 회전 속도 $N=(1-s)\frac{120f}{p}$ 이므로 슬립이 일정하다면 회전자 속도는 주파수에 비례한다. 주파수 변환법은 공극의 자속을 일정하게 유지하기 위해 공급 전압을 주파수에 비례해서 변환시켜야 한다. 주파수 변환기로는 **가변 전압 가변 주파수 전원 공급장치**(VVVF)를 사용한다. 선박 추진용 전동기나 인견 공장의 실 감는 데 사용하는 포트 모터가 이런 방식으로 속도 제어를 하고 있으며, 농형 유도 전동기의 속도 제어에 사용된다.

(3) 극수 변환법

극수 변환에 의한 속도 변경은 같은 홈 속에 극수가 다른 2개의 독립된 권선을 넣거나 하나뿐인 권선의 접속을 바꾸어 주면서 극수를 변환시키는 방법이 있다. 대개 농형 전동기에 쓰이는 방법으로 권선형에는 거의 사용되지 않는다. 이 방법은 비교적 효율이 좋으므로 속도를 자주 바꿀 필요가 있는 소형의 권상기, 승강기, 원심 분리기, 공작 기계 등에 많이 사용된다.

직렬 종속법 : $N_0=\frac{120f}{p_1+p_2}$

차동 종속법 : $N_0=\frac{120f}{p_1-p_2}$ 식 (1.21)

(4) 2차 여자법

권선형 유도 전동기의 2차 회로에 회전자의 주파수와 같은 주파수의 전압을 가하여 속도와 역률을 제어하는 방식을 2차 여자법이라 한다. 전동기의 속도를 동기 속도보다 크게 할 수도 있고 작게 할 수도 있으며, 속도 제어를 원활하게 넓은 범위에 걸쳐 간단하게 조작할 수 있지만 효율이 좋지 않은 단점이 있다.

5 제동 방법

전동기가 회전하고 있으면 전원을 차단시켜도 전동기의 관성 때문에 즉시 정지시킬 수 없다. 이때 운동 에너지를 원활하게 소비시키는 방법이 필요한데 이 방법을 **제동**(braking)이라고 한다.

(1) 발전 제동

전동기를 전원에서 분리시켜 전동기가 회전 전기자형 교류 발전기가 되도록 접속 시키고 권선형 회전자인 경우 2차 측에 접속된 가변 저항기에서, 농형 회전자인 경우 농형 권선 내에서 발생된 교류 전력을 소비시켜 제동하는 방식을 발전 제동이라 한다. 대형의 천장 기중기나 케이블카 등에 많이 사용된다.

(2) 역상 제동

전동기의 회전을 급속하게 정지시키는 경우에 사용되는 방식으로 회전 중인 전동기의 1차 권선에 있는 세 개의 단자 중 임의의 두 개의 단자 접속을 바꾸면 상회전의 순서가 반대로 되어 전동기는 제동된다. 제강 공장의 압연기용 전동기에 사용되며, 큰 전류가 흐르고 토크가 크기 때문에 저항이나 리액터를 삽입한다.

(3) 회생 제동

유도 전동기를 동기 속도보다 큰 속도로 회전시켜 유도 발전기가 되게 함으로써 발생 전력을 전원에 반환하면서 제동하는 방식이다. 케이블카, 광산의 권상기, 기중기 등에 사용되는 방식이며, 마찰에 의한 마모나 발열이 없고 전력을 회수할 수 있으므로 유리하다.

1-5 단상 유도 전동기

1 단상 유도 전동기의 특성

단상 유도 전동기는 단상 권선에 교류 전원이 공급되면 권선에 교류 전류가 흐르므로 자속도 전류에 따라 교번하면서 좌우로 크기와 방향이 바뀐다. 그러므로 단상 유도 전동기는 스스로 회전력이 발생하지 않아 기동 토크를 발생시키는 외부 요인이 필요하다. 단상 유도 전동기의 고정자는 주권선과 보조 권선으로 구성되며, 이 두 권선은 90°의 위상차를 가진다.

단상 유도 전동기는 전부하 전류와 무부하 전류의 비율이 매우 크고 역률과 효율이 나쁘며 중량도 무겁고 가격이 비싸다. 그러나 전원으로부터 간단하게 사용할 수 있어 가정용, 소공업용, 농업용 등 0.75[kW] 이하의 소출력용으로 많이 사용되며, 표준 출력은 100, 200, 400[W]이다.

2 단상 유도 전동기의 종류

단상 유도 전동기는 기동 방법에 따라 반발 기동형 전동기, 콘덴서 기동형 전동기, 분상 기동형 전동기, 셰이딩 코일형 전동기 등으로 분류된다.

(1) 반발 기동형 전동기

반발 기동형 전동기의 고정자는 주권선이 되고, 회전자는 직류 전동기의 전기자와 거의 같은 모양의 권선과 정류자로 되어 있다. 기동 시 브러시를 통하여 외부에서 단락된 기동 토크에 의해 기동한다. 기동 토크가 크므로 펌프용, 공기압축기용으로 사용하며 값이 비싸고 정류자의 보수가 어렵다.

(2) 콘덴서 기동형 전동기

기동 토크를 크게 하기 위해 콘덴서를 기동 권선과 직렬로 연결한 전동기이다. [그림 1-23]과 같이 보조 권선에 직렬로 콘덴서를 접속하여 기동하고 기동이 완료되면 **원심력 스위치** S에 의해 보조 권선이 개방된다. 기동 전류가 작고 기동 토크가 크기 때문에 200[W] 이상 컴프레서, 펌프, 공업용 세척기, 냉동기, 농기기, 컨베이어 용도로 사용된다.

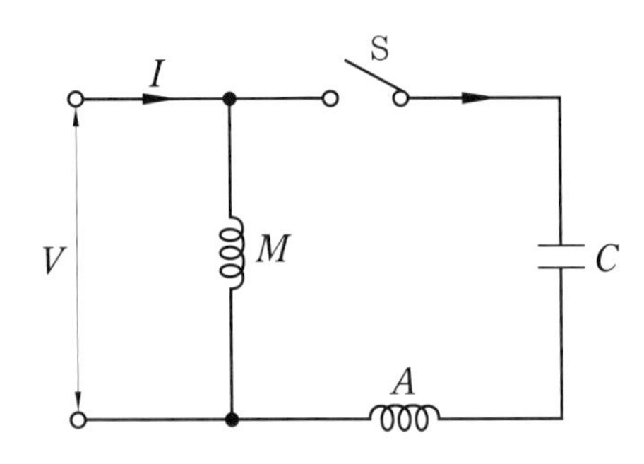

[그림 1-23] **콘덴서 기동형 전동기**

(3) 분상 기동형 전동기

주권선인 운전 권선과 보조 권선인 기동 권선이 병렬로 연결된 전동기로 보조 권선에는 가는 동선을 사용하여 저항을 증가시키고, 이로 인해 두 권선에 흐르는 전류의 위상차를 이용하여 기동하는 방식이다. 비교적 염가이며 재봉틀, 우물 펌프, 팬, 환풍기, 사무기기, 농기기 등에 사용된다.

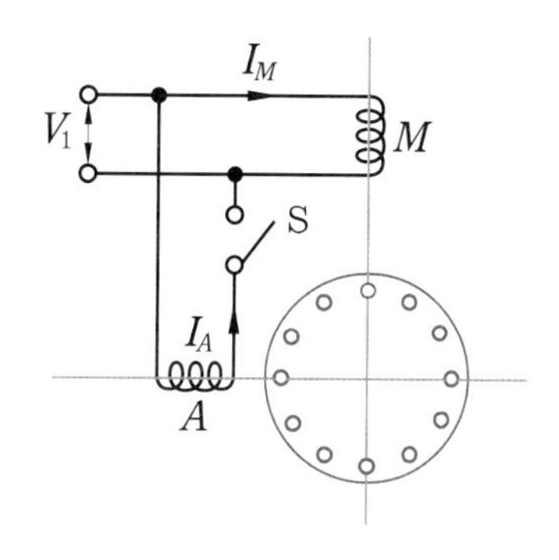

[그림 1-24] 분상 기동형 전동기

(4) 셰이딩 코일형 전동기

회전자는 농형이며 고정자의 성층 철심은 [그림 1-25]와 같이 몇 개의 돌극으로 구성되어 있다. 이 돌극부에는 굵고 단락된 동선이 감겨 있는데, 이 단락된 동선을 셰이딩 코일이라 하며 보조 권선 역할을 한다. 이 셰이딩 코일에 의해 회전자계가 형성되면 토크가 발생하면서 회전한다.

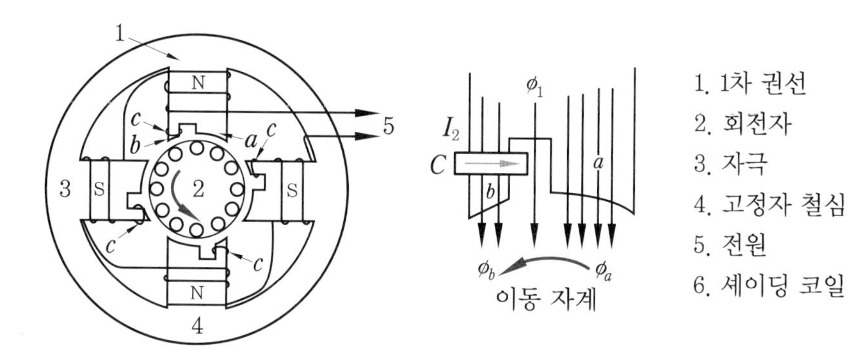

[그림 1-25] 셰이딩 코일형 전동기

셰이딩 코일형 전동기는 기동 토크가 매우 작고 운전 중에도 전류가 셰이딩 코일에 계속 흐르기 때문에 효율과 역률이 작다. 또한 구조가 간단하고 견고하여 소형 팬, 소형 선풍기, 레코드플레이어 등에 사용되며 회전 방향을 변경할 수 없다는 단점이 있다.

[표 1-2] **각종 단상 유도 전동기의 비교**

종류	구조	기동 토크
반발 기동형	정류자, 브러시 단락장치 부착	300 % 이상
콘덴서 기동형	콘덴서 원심력 스위치 부착	200 % 이상
분상 기동형	원심력 스위치 부착	125 % 이상
셰이딩 코일형	셰이딩 코일 부착	40~80 %

2장

SNET-E100 전기 기기 제작 실험·실습 장비

SNET-E100 전기 기기 제작 실험·실습 장비

2-1 장비의 특징

전기 기기 실습 중 전동기 원리와 구성 요소별 실습이 가능한 구조로 제작되어 있어 효율적인 교육이 가능하다. 또한, 전동기의 테스트 지그가 세로로 되어 있어 회전자 및 고정자가 탈부착이 용이하며, 한 장비에서 고정자 24슬롯, 36슬롯을 쉽게 바꾸어 실습이 가능하므로 유도기의 전단적인 권선법에 대해 기초에서 응용까지 실습할 수 있는 구조로 제작되어 있다.

[그림 2-1] SNET-E100 전동기 구조 교육 장비

고정자의 편심이 분리되어 쉽게 이해할 수 있는 구조이며, 전동기(유도기) 분해 조립이 가능하여 권선의 형태, 회전자의 형태 등을 관찰 가능하다. 고정자와 회전자 사이의 공극이 넓어 전동기 조립 및 구동하는 모습을 쉽게 볼 수 있어 전동기의 구조를 쉽게 파악할 수 있다.

프로파일 구조 및 각 모듈로 구성되어 있어 추후 원하는 모듈만 추가를 하면 또 다른 실습이 가능한 구조로 되어 있다.

Δ결선 및 Y결선 방법을 쉽게 바나나 잭으로 구성하여 특성 실습이 가능하며, 전압/전류/전동기 속도/주파수 미터의 직접 결선으로 계측기의 전반적인 시퀀스 방법에 대한 이해가 가능하다. 각 상의 전압/전류/저항/전동기 속도/주파수 계측 값을 한눈에 볼 수 있으며, 전동기의 속도를 쉽게 제어 가능하여 전동기의 기초에서 응용 특성을 쉽게 파악할 수 있는 구조로 제작되었다.

① **사이즈** : $700(W) \times 460(D) \times 620(H)$

② **재질** : 알루미늄

③ **알루미늄 프로파일** : 30×30mm, 홀 간격 25mm

④ **구조** : L 타입

⑤ **전기** : 1ϕ/220V/60Hz

⑥ **손잡이** : 2EA

⑦ **고무발** : 20m(4EA)

⑧ 각 모듈은 원터치 베이스 고정 방식으로 프로파일에 장착할 수 있는 구조

2-2 각 모듈의 특징

1 SNET-E100-IM01 Induction Motor Module

유도 전동기의 고정자 및 회전자를 장착하여 특성을 테스트 할 수 있는 장치이다. 한 장비에서 고정자 24슬롯, 36슬롯 특성 실습 가능 및 Y결선, Δ결선 실습이 가능하다.

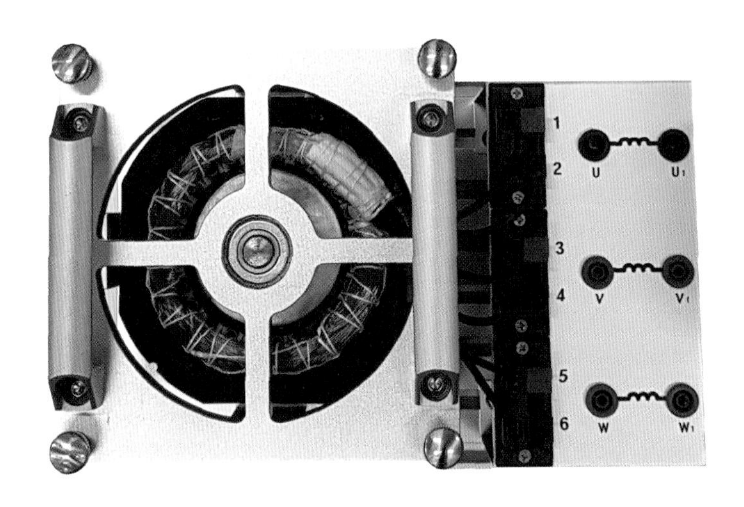

[그림 2-2] SNET-E100-IM01 유도 전동기 모듈

① 한 장비에서 고정자 24슬롯과 36슬롯 선택 실습 가능
② **고정자 고정 블록**(고정 블록 3EA/RPM 측정 블록 1EA) : 4EA
③ **회전자 고정 블록** : 4EA
④ **Y/Δ 결선 박스** : U/V/W 각 안전단자(1EA), U1/V1/W1 각 안전단자(1EA)
⑤ **베어링(2EA)** : 내경(12ϕ) / 외경(32ϕ)
⑥ **포토 센서** : NPN/100mm/12V-24V
⑦ **하판** : 알루미늄 프로파일에 고정할 수 있는 구조 및 베어링 장착
⑧ **상판** : 베어링 장착 홀 및 상판 손잡이(2EA)
⑨ **상판 사이즈** : 160(W)×160(D)×15(H)mm
⑩ **하판 사이즈** : 330(W)×220(D)×15(H)mm
⑪ **전체 사이즈** : 330(W)×220(D)×210(H)mm
⑫ **재질** : 알루미늄
⑬ **후처리** : 아노다이징/센딩

2 SNET-E100-MCCB01 MCCB Module

AC 단상 220V 15A의 누전 차단기로 계측기의 전원 및 인버터의 전원을 인가하는 데 사용된다.

사용자의 부주의로 누전이 발생되었을 시 차단되는 장치로 학생들의 안전을 고려하여 사용된 모듈이다.

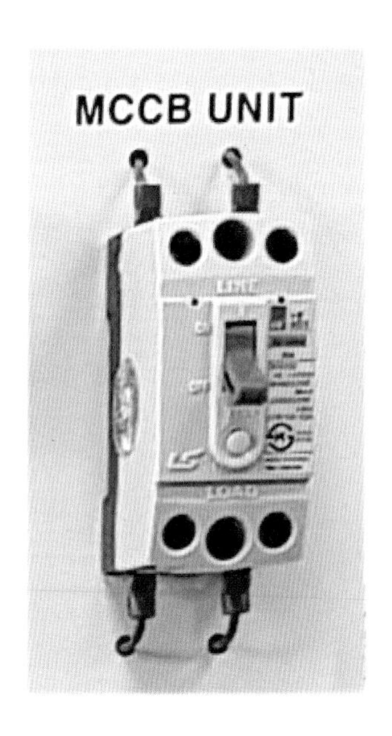

[그림 2-3] MCCB Module

① **정격** : 1ϕ, AC 220V 15A

② **형식** : 누전 차단기

③ **사이즈** : 120(W)×160(D)×150(H)mm

3 SNET-E100-INVERTER01 Three-Phase Inverter Module

AC 단상 220V를 3상 220V로 변경하여 AC 유도 전동기의 속도를 제어하는 장치이다.

인버터의 매뉴얼 동작방법(접점 동작방법, 가변 저항 동작방법)을 익힐 수 있고, PLC와 연계하여 인버터 제어 실습이 가능하다.

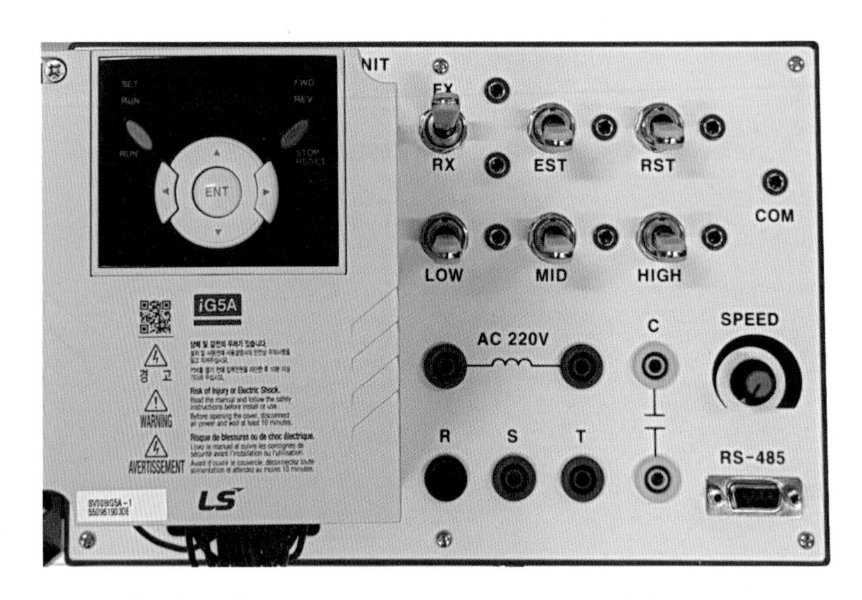

[그림 2-4] SNET-E100-INVERTER01 3-상 인버터 모듈

(1) 일반 사양

① **사이즈** : $248(W)\times164(D)\times180(H)$mm

② **토글 스위치** : 3단3P(1EA), 2단2P(6EA)

③ **단자** : 4ϕ(9EA), 안전단자 4ϕ(5EA)

④ **가변 저항** : $5k\Omega/16\phi(1/2W)$

⑤ **통신 포트** : RS485

(2) Input

① **전압** : 1ϕ, 220~230V, 50/60Hz

② **전류** : 1.82A

(3) Output

① **전압** : 3ϕ, 220V, 0~60Hz

② **출력** : 0.4kW

4 SNET-E100-VM01 AC VOLTAGE METER Module

AC 0~500V까지 측정 가능하고, 인버터에서 전동기에 공급되는 각 상(U/V/W) 전압 측정에 사용된다.

[그림 2-5] AC VOLTAGE(U/V/W) METER

① **사이즈** : 120(W)×110(D)×150(H)mm

② **전원 입력 단자** : 2EA

③ **계측 모듈 단자** : 2EA

④ **전압 미터**

- 최대 허용 입력 전압 : Max. AC 400VAC
- 최대 표시 범위 : Max. 1999
- 측정 기능 : AC 전압
- 전원 전압 : 110/220VAC 50/60Hz
- 허용 전압 변동 범위 : 전원 전압의 90~110%
- 소비 전력 : 4VA
- 표시 방식 : 7 Segment LED Display(문자 높이 : 14mm)
- 샘플링 주기 : 300ms
- 동작 방식 : 2중 적분 방식
- 응답 속도 : 약 2초(0~1999)
- 표시 횟수 : 2.5ghl/sec
- 절연 저항 : 100MΩ(500VDC 메가 기준)
- 내전압 : 2000VAC 50/60Hz에서 1분간
- 릴레이 수명 : 기계적[1000만회 이상]
  전기적[10만회 이상(250VAC 3A 저항 부하)]

5 SNET-E100-AM01 AC CURRENT METER Module

AC 0~500V의 0~5A까지 측정 가능하고, 인버터에서 전동기로 공급되는 각 상(R/S/T) 전류 측정에 사용된다.

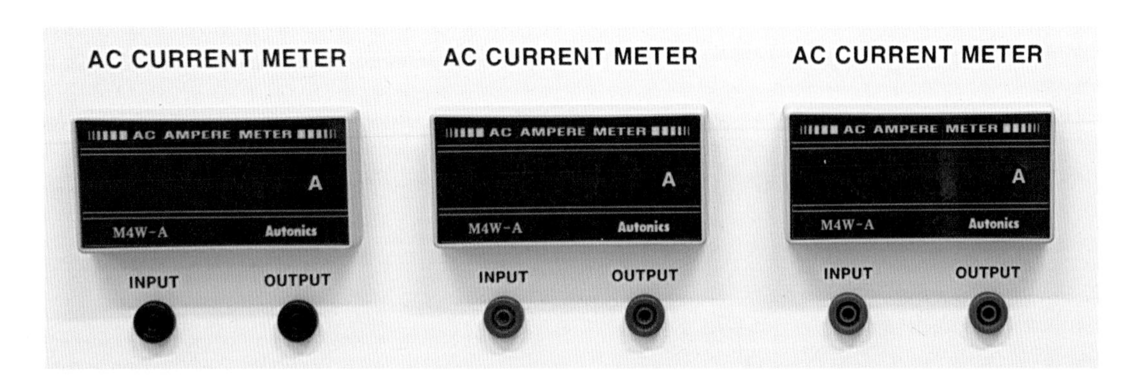

[그림 2-6] AC CURRENT(R/S/T) METER

① **사이즈** : 120(W)×110(D)×150(H)mm

② **전원 입력 단자** : 2EA

③ **계측 모듈 단자** : 2EA

④ **전류 미터**

- 최대 허용 입력 전류 : Max. AC 400VAC/5A
- 최대 표시 범위 : Max. 1999
- 측정 기능 : AC 전압
- 전원 전압 : 110/220VAC 50/60Hz
- 허용 전압 변동 범위 : 전원 전압의 90~110%
- 소비 전력 : 4VA
- 표시 방식 : 7 Segment LED Display(문자 높이 : 14mm)
- 샘플링 주기 : 300ms
- 동작 방식 : 2중 적분 방식
- 응답 속도 : 약 2초(0~1999)
- 표시 횟수 : 2.5ghl/sec
- 절연 저항 : 100MΩ(500VDC 메가 기준)
- 내전압 : 2000VAC 50/60Hz에서 1분간
- 릴레이 수명 : 기계적[1000만회 이상]
  전기적[10만회 이상(250VAC 3A 저항 부하)]

6 SNET-E100-FM01 FREQUENCY METER Module

AC 인버터의 입출력 전원의 주파수를 측정하는 데 사용된다.

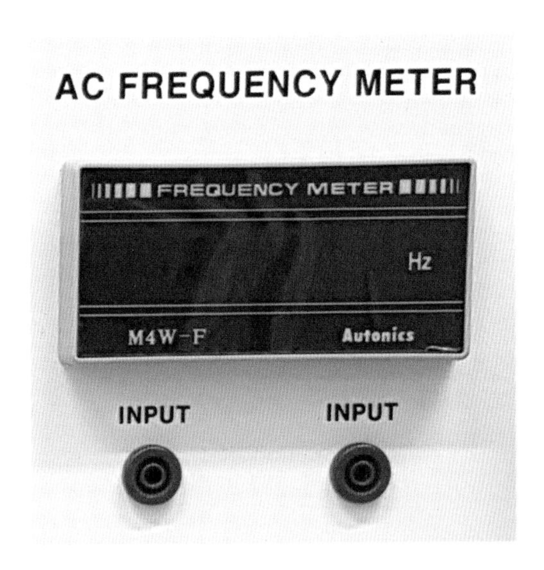

[그림 2-7] FREQUENCY METER

① **사이즈** : 120(W)×110(D)×150(H)mm

② **전원 입력 단자** : 2EA

③ **계측 모듈 단자** : 2EA

④ **주파수 미터**

- 표시 방식 : 7 Segment LED(Zero Blanking)
- 문자 크기 : W4×H8 mm
- 표시 범위 : −19999~99999
- 전원 전압 : 100~240VAC 50/60Hz
- 소비 전력 : 10.0VA 이하
- 허용 전압 변동 범위 : 전원 전압의 90~100%
- 센서용 공급 전원 : 12VDC ±10%, 80mA
- 입력 주파수 : 무접점 입력[50kHz 이하(펄스 폭 : 10μs 이상)]
  유접점 입력[45Hz 이하(펄스 폭 : 11ms 이상)]
- 측정 범위 : 0.0005~50,000Hz
- 조절감도(히스테리시스) : 0~9999
- 인증 : CE
- 중량 : 약 334g

7 SNET-E100-RPM01 RPM METER Module

10,000 RPM까지 측정 가능하고, 전동기의 속도 측정에 사용된다. 모터의 속도와 주파수, 전압과 전류의 관계 특성을 실습할 수 있다.

[그림 2-8] RPM METER

① **사이즈** : 120(W)×110(D)×150(H)mm

② **전원 입력 단자** : 2EA

③ **계측 모듈 단자** : 원형 단자(12ϕ/4P)

④ **펄스 미터**

- 표시 방식 : 7 Segment LED(Zero Blanking)
- 문자 크기 : W4×H8 mm
- 표시 범위 : -19999~99999
- 전원 전압 : 100~240VAC 50/60Hz
- 소비 전력 : 10.0 VA 이하
- 허용 전압 변동 범위 : 전원 전압의 90~100%
- 센서용 공급 전원 : 12VDC ±10%, 80mA
- 입력 주파수 : 무접점 입력[50kHz 이하(펄스 폭 : 10μs 이상)]
  유접점 입력[45Hz 이하(펄스 폭 : 11ms 이상)]

- 측정 범위 : 0.0005Hz~50kHz
- 조절감도(히스테리시스) : 0~9999
- 인증 : CE
- 중량 : 약 334g

8 SNET-E100-IM24S Induction Motor 24 SLOT Module

(1) 일반 사양

① **사이즈** : 128(W)×128(D)×161(H)mm
② **내경** : 70ϕ
③ **외경** : 139ϕ
④ **극수** : 4극
⑤ **정격 전력** : 120W

[그림 2-9] 24슬롯 유도기 고정자 회전자

(2) 유도 전동기 고정자

① Y/Δ 결선 실습 가능
② **슬롯** : 24(선택 가능)
③ **편심** : 40(H)mm/40EA
④ 고정자 사이즈
⑤ **권선 수** : 170회
⑥ **권선법** : 3상 4극

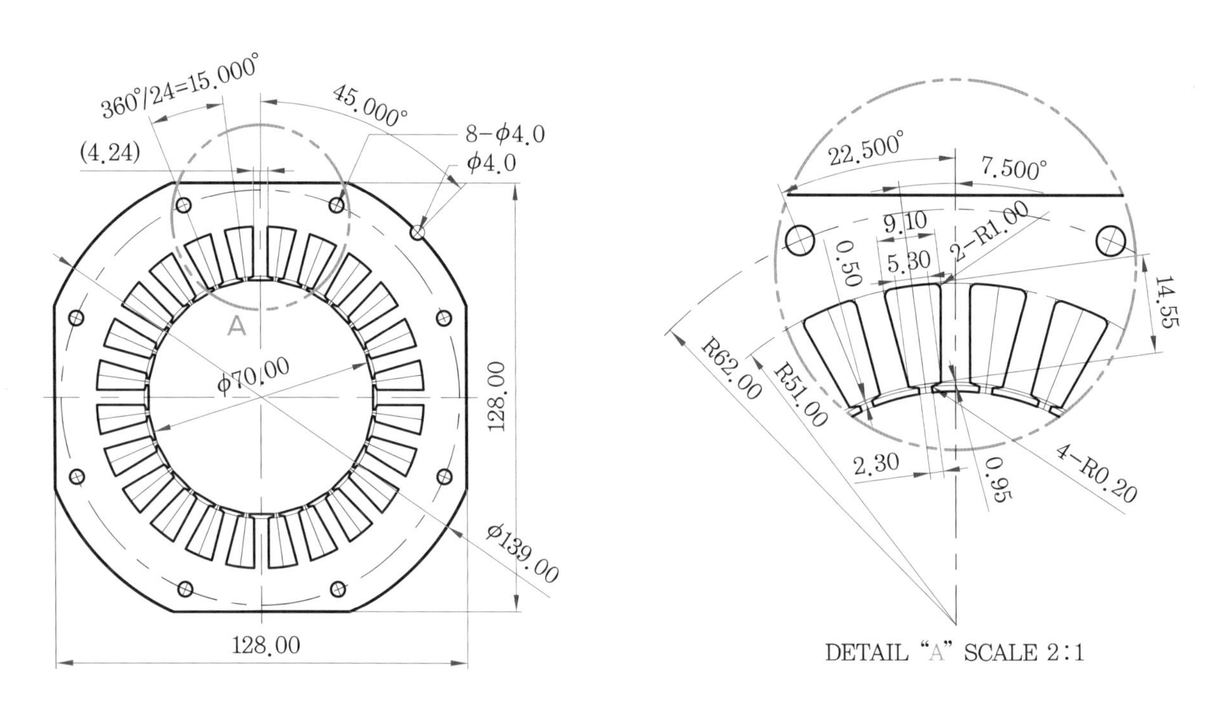

[그림 2-10] 24슬롯 고정자

(3) 회전자

① **고정자와 회전자 공극의 차** : 3mm

② **슬롯** : 360°/34개=10.588°

③ **편심** : 외경(67ϕ), 내경(15ϕ), 50(H)mm

④ **샤프트** : 15ϕ/12ϕ(베어링)/161(H)mm

⑤ 회전자 사이즈

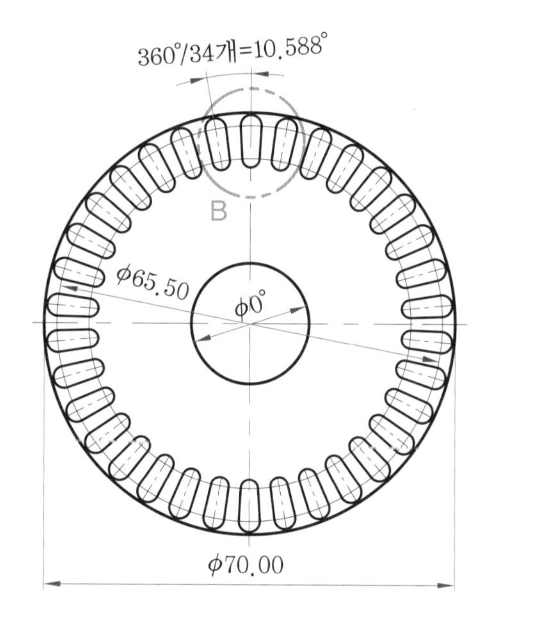

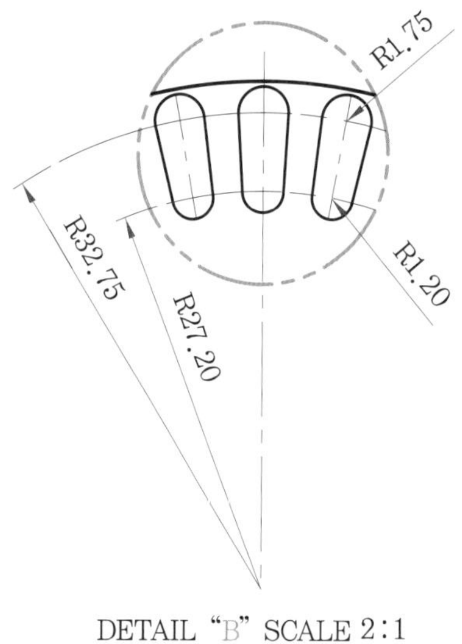

[그림 2-11] 24슬롯 회전자

9 SNET-E100-IM36S Induction Motor 36 SLOT Module

(1) 일반 사양

① **사이즈** : $136(W) \times 136(D) \times 161(H)$mm

② **내경** : 85ϕ

③ **외경** : 138ϕ

④ **극수** : 4극

⑤ **정격 용량** : 200W

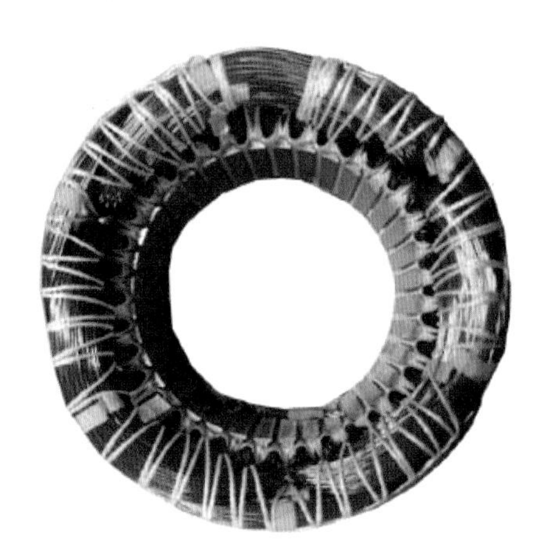

[그림 2-12] 36슬롯 유도기 고정자 회전자

(2) 유도 전동기 고정자

① Y/Δ 결선 실습 가능

② **슬롯** : 36

③ **편심** : 40(H)mm/40EA

④ 고정자 사이즈

⑤ **권선 수** : 80회

⑥ **권선법** : 3상 4극 성형 내권

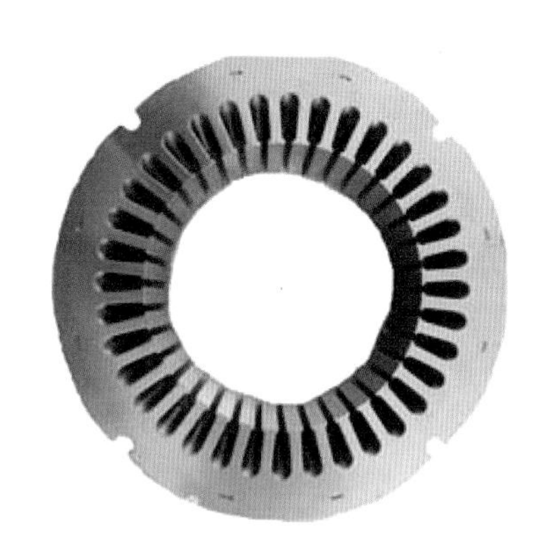

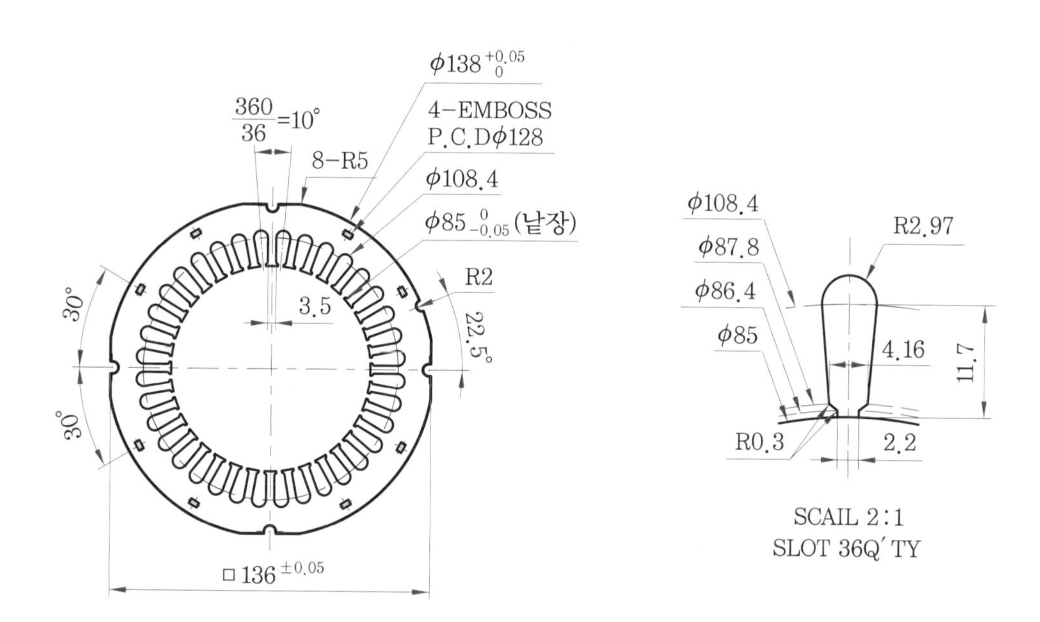

[그림 2-13] 36슬롯 고정자

(3) 회전자

① **고정자와 회전자 공극의** 차 : 3mm

② **슬롯** : 360°/34개=10.588°

③ **편심** : 외경(67ϕ), 내경(15ϕ), 50(H)mm

④ **샤프트** : 15ϕ/12ϕ(베어링)/161(H)mm

⑤ 회전자 사이즈

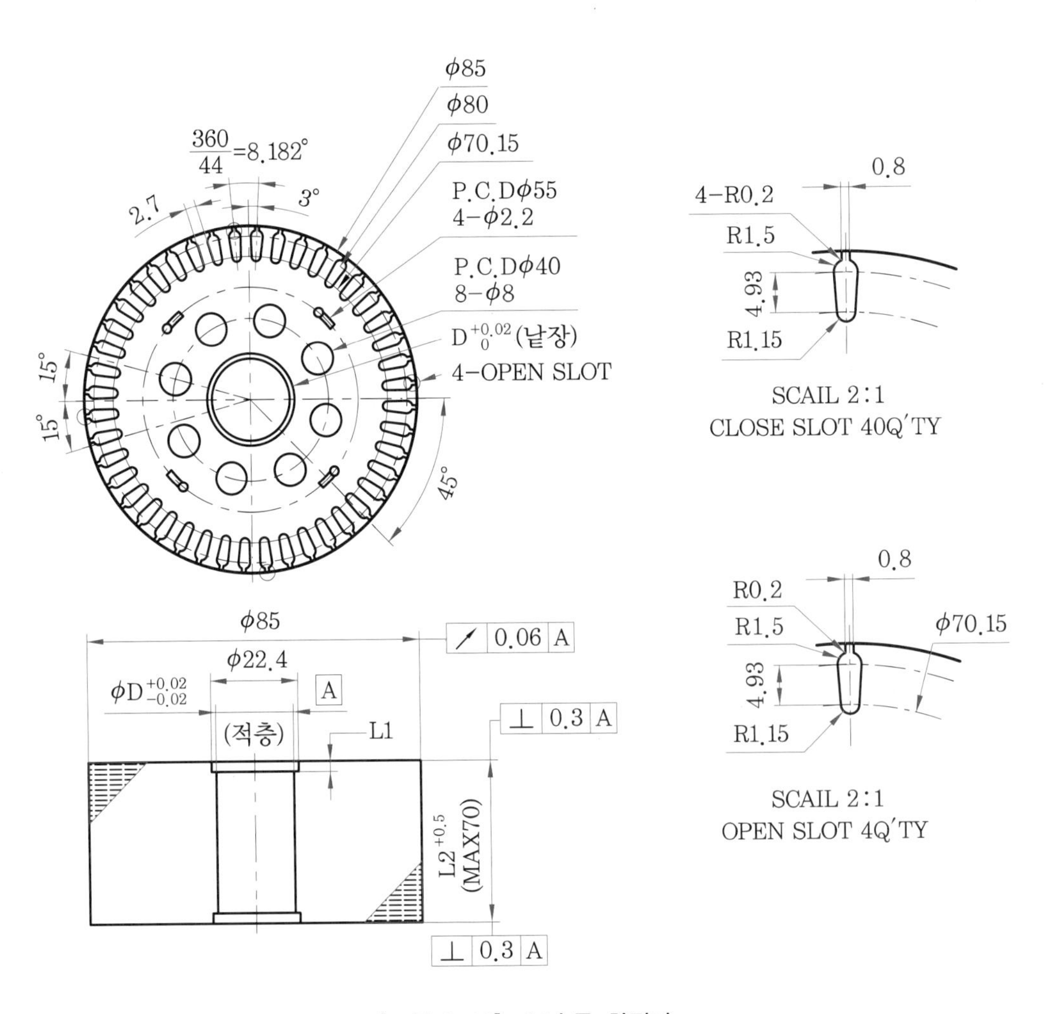

[그림 2-14] **24슬롯 회전자**

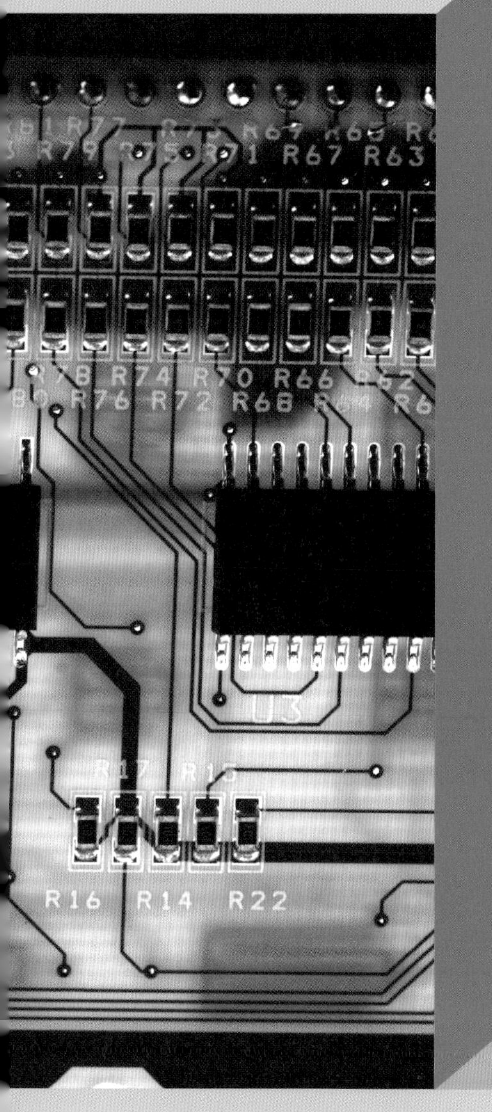

3장

기타 실습 재료

3 기타 실습 재료

3-1 권선 절연물의 종류 및 특징

1 절연지

① 폴리아미드는 노멕스의 재질로 기계적, 전기적 특성을 갖는 제품이다.

② 이것은 모터, 변압기 등 중전 기기 및 일반 가전 기기의 슬롯 및 층간/상간 절연용으로 쓰이는 절연물로 *UL인증 절연물 중 가장 높은 열적 내구성을 갖고 있다.

[그림 3-1] 절연지

2 폴리에스테르 필름

폴리에스테르 필름 양면에 Nomex armid paper를 접합시킨 제품으로 슬롯 및 층간/상간 절연용으로 쓰이는 절연물이다.

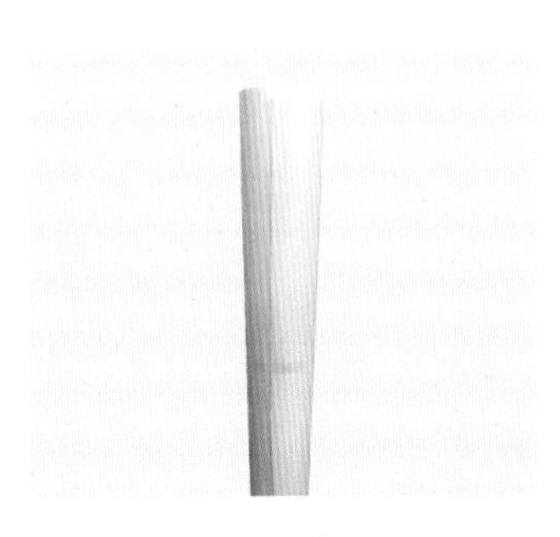

[그림 3-2] 폴리에스테르 필름

3 절연 실

변압기나 모터 등 코일 결속 시 사용된다.

[그림 3-3] 전연 실(호밍사)

3-2 실습 준비물

1 절연 실습 준비물

부품명	부품 사진	수량	비고
24슬롯 고정자 코어 (stator core)		1개	
절연지		1롤	

부품명	부품 사진	수량	비고
장갑	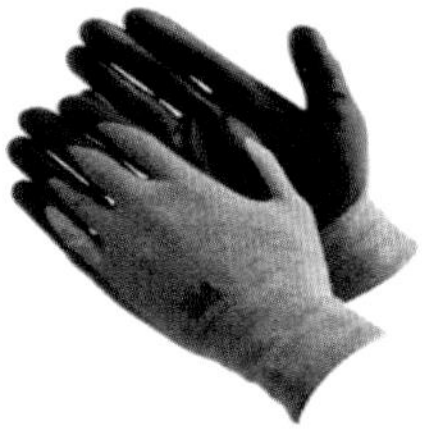	1세트	
칼	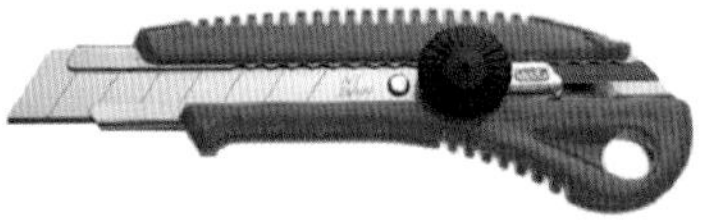	1개	
철자		1개	
필름		1롤	

2 권선 실습 준비물

부품명	부품 사진	수량	비고
24슬롯 고정자 코어 (절연 실습품)	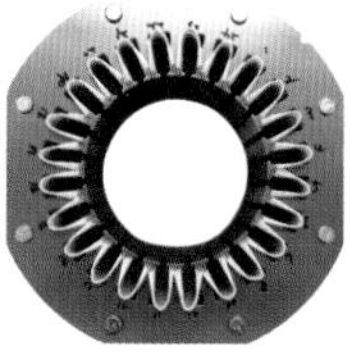	1개	슬롯 절연지 포함
코일		1롤	ϕ0.5mm
웨지 및 층간 절연지 (절연 실습품)		24개	
테이프		1롤	
장갑	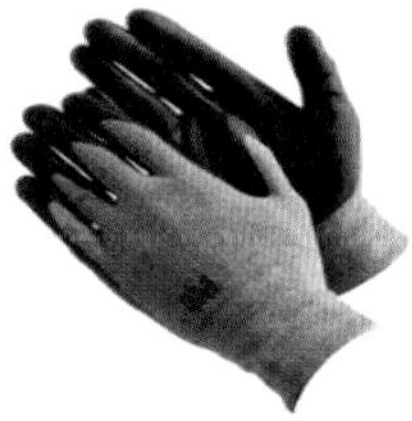	1세트	
니퍼	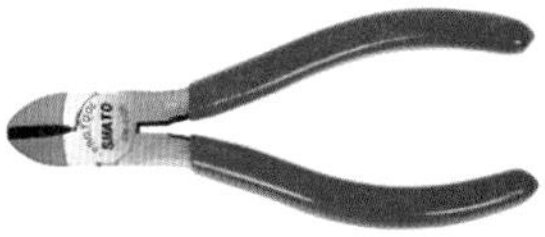	1개	
라벨지	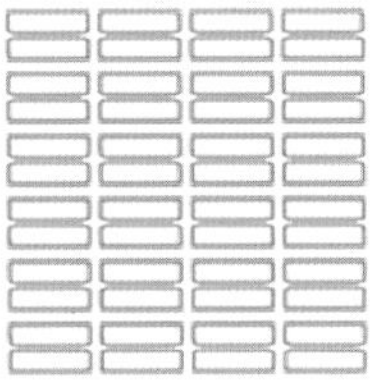	1개	

3 결선 실습 준비물

부품명	부품 사진	수량	비고
권선 완성품 (일체형 코어)		1세트	
상간 절연지	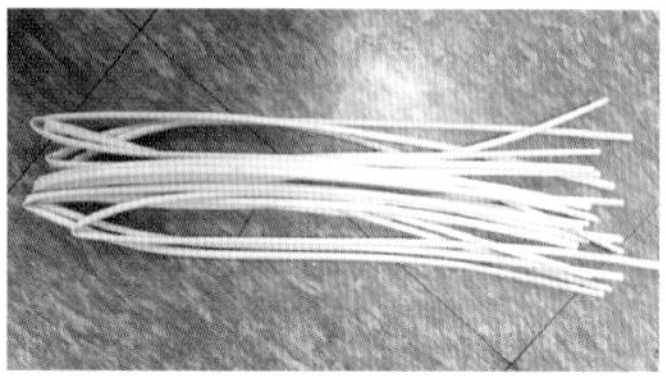	1세트	
절연 실		1롤	
전기선 1.5mm		1롤	
장갑	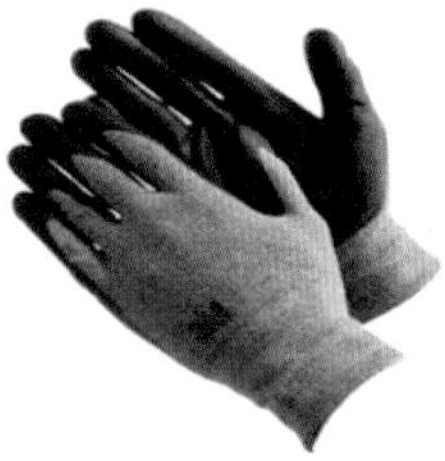	1세트	
니퍼		1개	

4 고정자 주요 구성 부품

부품명	부품 사진	역할	수량	비고
고정자 코어	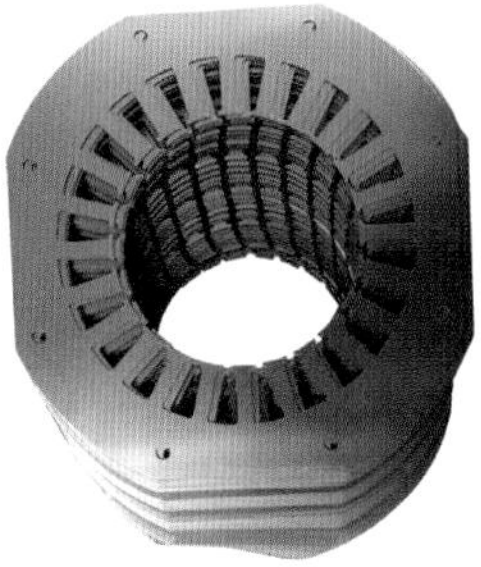	코일에서 발생된 기자력의 통로	1개	
코일		전류를 흘려 기자력을 발생	1롤	
절연지		코일과 코어, 코일과 코일, 상과 상 사이의 절연	1롤	

5 회전자 주요 구성 부품

부품명	부품 사진	역할	수량	비고
회전자 코어	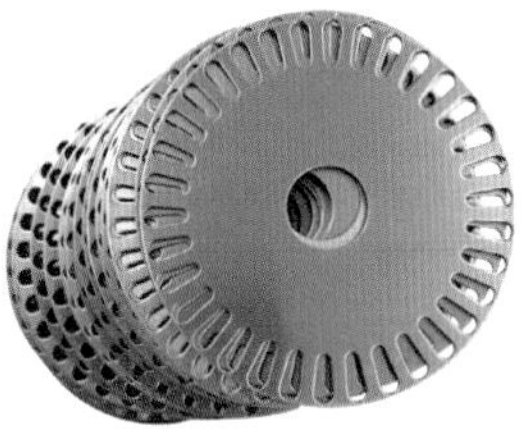	기자력의 통로	1개	
샤프트		회전자의 회전 출력 구현 (토크/속도) 및 회전자 코어 지지	1개	
도체 바		회전자 기자력의 소스	1개	
회전자 베어링		회전자를 회전할 수 있도록 하며, 샤프트 양단 지지	2개	

4장

장비 운영 방법

장비 운영 방법

4-1 장비 분해 조립도

1 24 Slot Motor 분해 조립도

(1) ⑥번 모터 덮개를 위쪽으로 분리한다.

(2) ⑨번 모터의 상측 U/V/W, U1/V1/W1의 6개 선을 분리한다.

(3) ④번 고정자(24 or 36 Slot)를 분리한다.

(4) 조립은 [(3)번 → (2)번 → (1)번] 역순으로 진행한다.

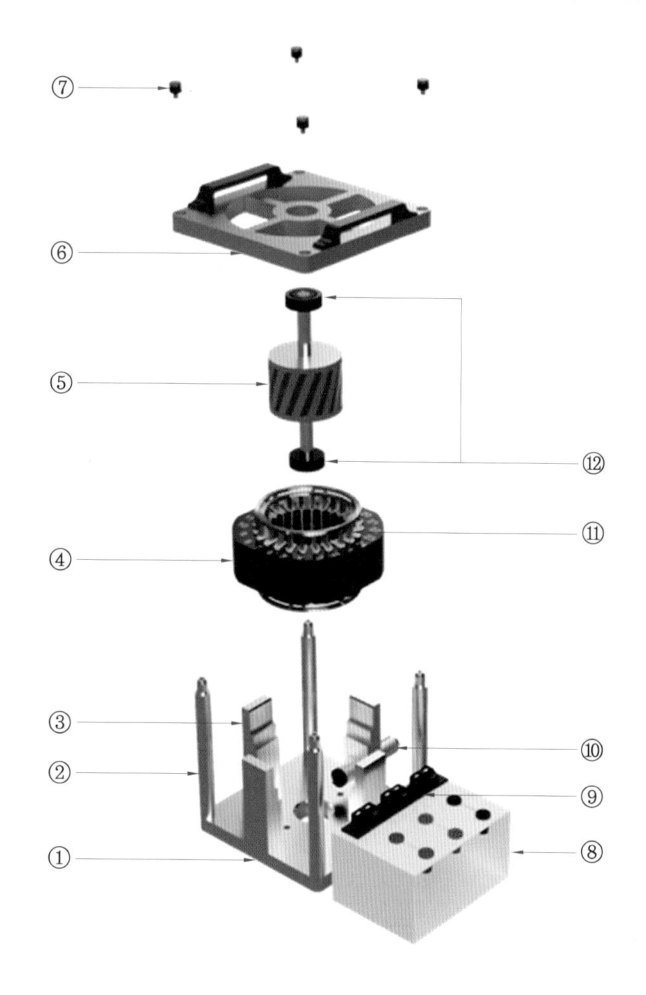

① 모터 베이스
② 모터 덮개 지지대
③ 고정자 지지 브래킷
④ 고정자 (24Slot)
⑤ 회전자
⑥ 모터 덮개
⑦ 모터 덮개 고정 볼트
⑧ 모터 결선 단자대
⑨ U/V/W, $U_1/V_2/W_3$ 단자
⑩ 모터 속도 센서
⑪ 고정자 슬롯 (24EA)
⑫ 회전자 베어링

2 36 Slot Motor 분해 조립도

(1) ⑥번 모터 덮개를 위쪽으로 분리한다.

(2) ⑨번 모터의 상측 U/V/W, U1/V1/W1의 6개 선을 분리한다.

(3) ④번 고정자(24 or 36 Slot)를 분리한다.

(4) 조립은 [(3)번 → (2)번 → (1)번] 역순으로 진행한다.

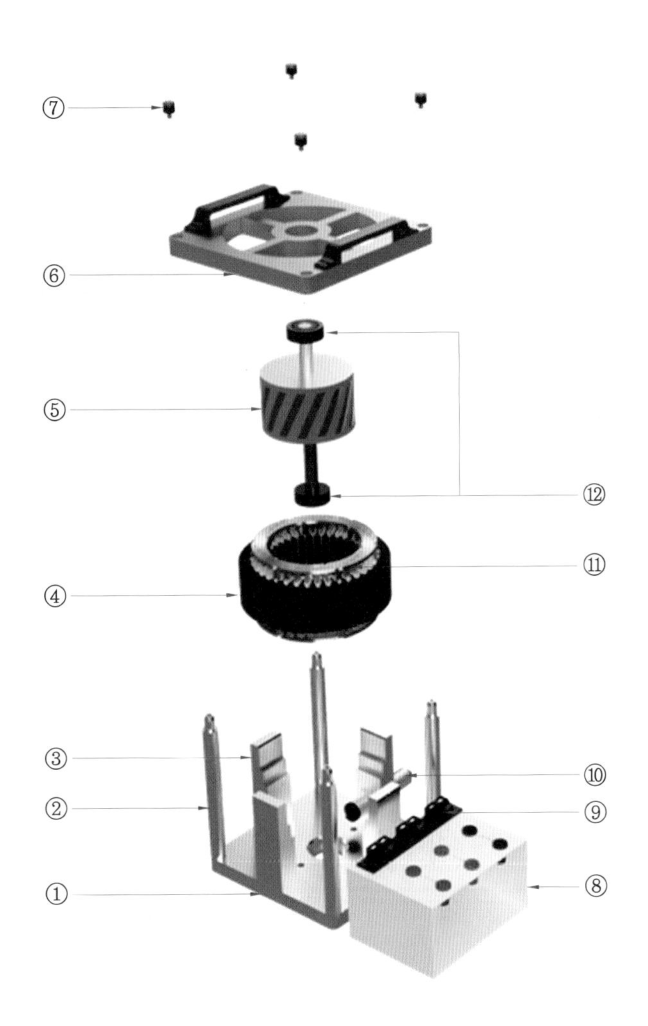

① 모터 베이스

② 모터 덮개 지지대

③ 고정자 지지 브래킷

④ 고정자 (36Slot)

⑤ 회전자

⑥ 모터 덮개

⑦ 모터 덮개 고정 볼트

⑧ 모터 결선 단자대

⑨ U/V/W, $U_1/V_2/W_3$ 단자

⑩ 모터 속도 센서

⑪ 고정자 슬롯 (36EA)

⑫ 회전자 베어링

4-2 배선 결선도

다음 그림과 같이 바나나 잭을 이용하여 배선 결선을 하여 제작한 유도기 고정자를 테스트 지그에 넣고 위 분해 조립도를 보고 배선 결선하여 각 상의 전압/전류, RPM, 주파수를 측정하여 고정자 권선이 잘 되었는지 테스트를 진행한다.

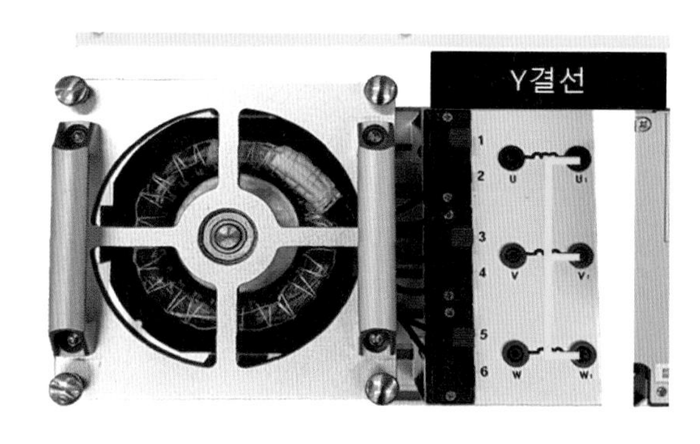

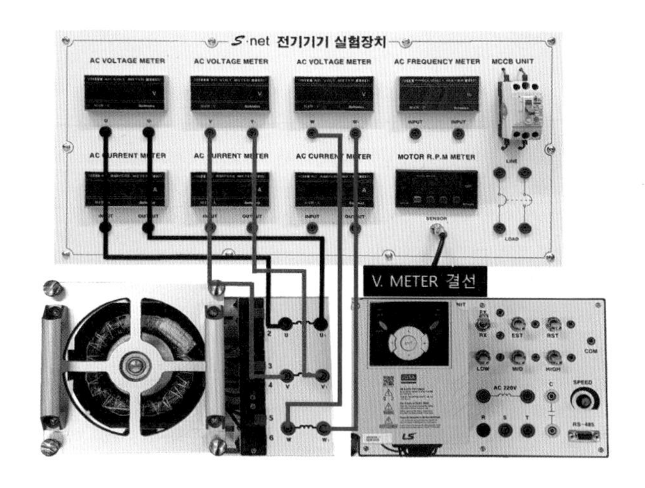

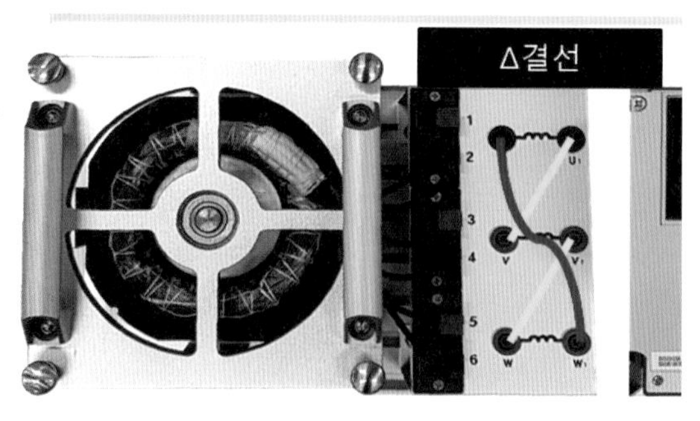

4-3 인버터 사용법

1 로더 기능

구분	표시	기능 명칭	기능 설명
KEY	RUN	운전 키	운전 지령
	STOP/ RESET	정지/ 리셋 키	STOP : 운전 시 정지 지령 RESET : 고장 시 리셋 지령
	▲	업 키	코드를 이동하거나 파라미터 설정값을 증가시킬 때 사용
	▼	다운 키	코드를 이동하거나 파라미터 설정값을 감소시킬 때 사용
	▶	우 시프트 키	그룹간의 이동이나 파라미터 설정 시 자릿수를 우측으로 이동할 때 사용
	◀	좌 시프트 키	그룹간의 이동이나 파라미터 설정 시 자릿수를 좌측으로 이동할 때 사용
	●	엔터 키	파라미터 값을 변경할 때나 변경된 파라미터를 저장하고자 할 때 사용
LED	FWD	정방향 표시	정방향 운전 중일 때 점등한다.
	REV	역방향 표시	역방향 운전 중일 때 점등한다.
	RUN	운전 중 표시	가·감속 중인 경우 점멸하며, 정속인 경우 점등한다.
	SET	설정 중 표시	파라미터를 설정 중에 점등한다.

주 트립 시 4개의 LED가 동시에 점멸한다.

2 각 그룹 및 코드간의 이동

드라이브의 원활한 운전을 위해 운전 상황에 맞는 파라미터를 설정해야 하는데 파라미터 그룹은 4개의 그룹으로 나뉘어져 있다. 이 그룹의 명칭 및 주요 내용은 다음과 같다.

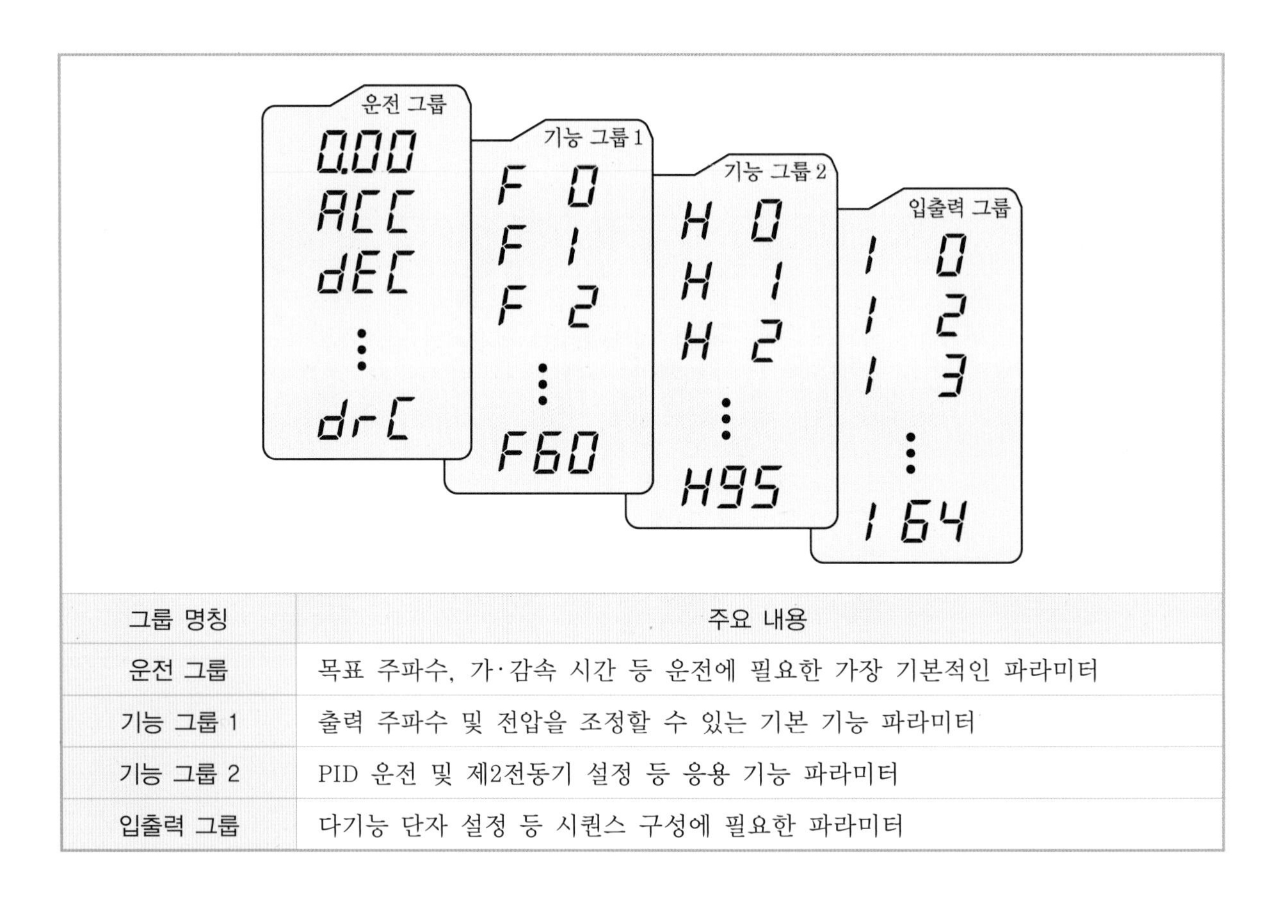

그룹 명칭	주요 내용
운전 그룹	목표 주파수, 가·감속 시간 등 운전에 필요한 가장 기본적인 파라미터
기능 그룹 1	출력 주파수 및 전압을 조정할 수 있는 기본 기능 파라미터
기능 그룹 2	PID 운전 및 제2전동기 설정 등 응용 기능 파라미터
입출력 그룹	다기능 단자 설정 등 시퀀스 구성에 필요한 파라미터

그룹간의 이동은 다음 그림에서와 같이 각 그룹의 첫 번째 코드에서만 이동이 가능하다.

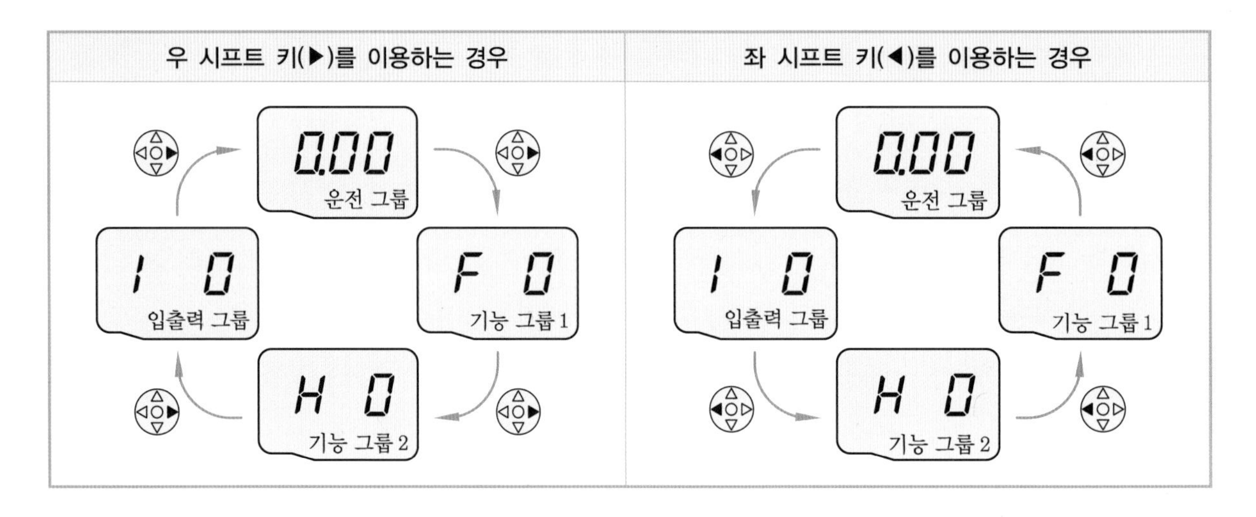

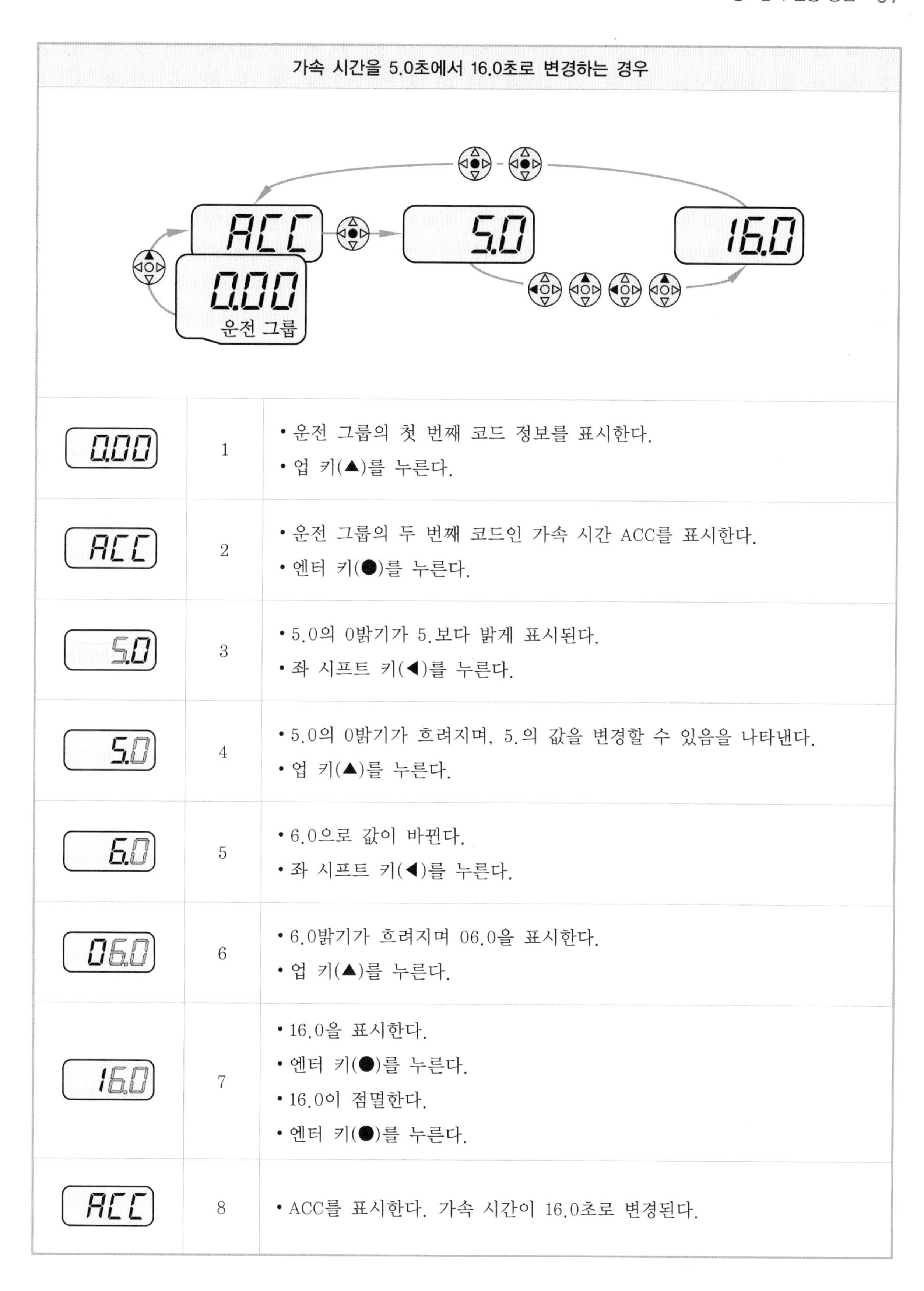

가속 시간을 5.0초에서 16.0초로 변경하는 경우

표시	순서	설명
0.00	1	• 운전 그룹의 첫 번째 코드 정보를 표시한다. • 업 키(▲)를 누른다.
ACC	2	• 운전 그룹의 두 번째 코드인 가속 시간 ACC를 표시한다. • 엔터 키(●)를 누른다.
5.0	3	• 5.0의 0밝기가 5.보다 밝게 표시된다. • 좌 시프트 키(◀)를 누른다.
5.0	4	• 5.0의 0밝기가 흐려지며, 5.의 값을 변경할 수 있음을 나타낸다. • 업 키(▲)를 누른다.
6.0	5	• 6.0으로 값이 바뀐다. • 좌 시프트 키(◀)를 누른다.
06.0	6	• 6.0밝기가 흐려지며 06.0을 표시한다. • 업 키(▲)를 누른다.
16.0	7	• 16.0을 표시한다. • 엔터 키(●)를 누른다. • 16.0이 점멸한다. • 엔터 키(●)를 누른다.
ACC	8	• ACC를 표시한다. 가속 시간이 16.0초로 변경된다.

운전 그룹 내 코드 간 이동 방법		
0.00	1	• 운전 그룹의 첫 번째 코드인 0.00을 표시한다. • 업 키(▲)를 누른다.
ACC	2	• 운전 그룹의 두 번째 코드인 RCC를 표시한다. • 업 키(▲)를 누른다.
dEC	3	• 운전 그룹의 세 번째 코드인 dEC를 표시한다. • 업 키(▲)를 누른다.
drC	4	• 운전 그룹의 마지막 코드인 drC를 표시한다. • 업 키(▲)를 다시 한 번 누른다.
0.00	5	• 운전 그룹의 첫 번째 코드로 되돌아 온다.

㈜ 다운 키(▼)를 이용하면 위와 반대 순서로 이동할 수 있다.

파라미터 설정법

운전 순서	설정 항목	코드 번호	기능 설명	출하치	변경 후
1	최대 주파수 변경 (FU1 그룹)	F21	최대 주파수를 변경한다.	60Hz	80Hz
2	저속 설정 (DRV 그룹)	st1	저속(다단1속)의 주파수를 설정한다.	10Hz	20Hz
3	중속 설정 (DRV 그룹)	st2	중속(다단2속)의 주파수를 설정한다.	20Hz	30Hz
4	고속 설정 (I/O 그룹)	I30	고속(다단3속)의 주파수를 설정한다.	30Hz	80Hz
5	정방향 운전 설정 (P1 : FX)	I17	초기치는 FX로 되어 있으며, 필요에 따라 다른 기능으로 선택할 수 있다.	Fx (정운전)	Rx (역운전)
6	역방향 운전 설정 (P2 : RX)	I18	초기치는 RX로 되어 있으며, 필요에 따라 다른 기능으로 선택할 수 있다.	Rx (역운전)	Fx (정운전)

3 보호 기능

고장 표시	보호 기능	내용
OCt	과전류	드라이브의 출력 전류가 드라이브 정격 전류의 200% 이상이 되면 드라이브의 출력을 차단한다.
OC2	과전류 2	iGBT의 Arm 단락이나 출력 단락이 발생하면 드라이브의 출력을 차단한다. (드라이브 11~22kW 용량에 해당한다.)
GFt	지락 전류	드라이브 출력 측에 지락이 발생하여 지락 전류가 흐르면 드라이브 출력을 차단한다.
IOL	드라이브 과부하	드라이브 출력 전류가 드라이브 정격 전류의 150% 1분 이상 연속적으로 흐르면 드라이브 출력을 차단한다. (반한 시 특성)
OLt	과부하 트립	드라이브의 출력 전류가 전동기 정격 전류의 설정된 크기(F57) 이상 흐르면 드라이브 출력을 차단한다.
OHt	냉각핀 과열	드라이브 주위 온도가 규정치보다 높을 경우 드라이브 냉각핀이 과열되면 드라이브 출력을 차단한다.
POt	출력 결상	드라이브 출력 단자 U, V, W 중에 한 상 이상이 결상된 상태가 되면 드라이브 출력을 차단한다.
Out	과전압	드라이브 내부 주회로의 직류 전압이 규정 전압 이상(200V급은 400VDC, 400V급은 820VDC)으로 상승하면 드라이브 출력을 차단한다. 감속 시간이 너무 짧거나 입력 전압이 규정치 이상일 경우 발생한다.
Lut	저전압	규정치 이하의 입력 전압으로 드라이브 내부 주회로의 직류 전압이 200V급은 180VDC, 400V급은 360VDC 이하로 내려가면 드라이브 출력을 차단한다.
EtH	전자 서멀	전동기 과부하 운전 시 전동기의 과열을 막기 위하여 반한 시 특성에 맞추어 드라이브 출력을 차단한다.
COL	입력 결상	3상 입력 전원 중 1상이 결상된 경우이거나, 드라이브 내부에 있는 평활용 콘덴서를 교체할 시기가 되면 드라이브 출력을 차단한다.
FLtL	자기 진단 고장 발생	자기 진단 수행에서 IGBT 스위칭 소자의손, 출력단 단락, 출력단 지락, 출력단 개방 등에 의해 발생한다.
EEP	파라미터 저장 이상	사용자가 변경한 파라미터 내용을 드라이브 내부에 저장할 때 이상이 발생하면 표시한다. 전원을 투입할 때 표시한다.

고장 표시	보호 기능	내용
HW-t	하드웨어 이상	하드웨어에 이상이 발생하면 표시한다. 로더의 STOP/RESET 키나 단자대의 리셋 단자로는 고장이 해제되지 않는다. 드라이브 입력 전원을 차단하고 로더의 표시부 전원이 완전히 사라진 후 다시 전원을 투입한다.
Err	로더 통신 에러	드라이브 제어부와 로더간의 통신에 이상이 발생하면 표시한다. 로더의 STOP/RESET 키나 단자대의 리셋 단자로는 고장이 해제되지 않는다. 드라이브 입력 전원을 차단하고 로더의 표시부 전원이 완전히 사라진 후 다시 전원을 투입한다.
rErr	리모트 로더 통신 에러	드라이브와 리모트 로더간의 통신에 이상이 발생하면 표시한다. 드라이브 운전은 계속 유지된다.
COM	로더 이상	드라이브 로더에 이상이 발생하여 일정 시간 지속되면 드라이브 본체가 로더를 리셋시키게 되는데, 로더가 리셋된 후 표시한다.
FAn	냉각 팬 이상	드라이브 냉각용 팬에 이상이 발생할 경우 표시한다. 이상 발생 후 연속 운전 또는 운전 정지를 선택할 수 있다.
ESt	출력 순시 차단	단자대의 비상정지(EST) 단자가 온(ON)되면 드라이브 출력을 차단한다. **[주의]** 단자대의 운전 지령 신호(FX 또는 RX)가 온(ON)되어 있는 상태에서 EST 단자를 오프(OFF)하면 다시 운전을 시작한다.
EtA	A 접점 고장 신호 입력	입·출력 그룹의 다기능 입력 단자 기능 선택(I20~I24)을 18번(외부 트립 신호 입력 : A 접점)으로 설정한 단자가 온(ON)되면 드라이브 출력을 차단한다.
Etb	B 접점 고장 신호 입력	입·출력 그룹의 다기능 입력 단자 기능 선택(I20~I24)을 18번(외부 트립 신호 입력 : B 접점)으로 설정한 단자가 오프(OFF)되면 드라이브 출력을 차단한다.
--L	주파수 지령 상실	주파수 지령의 이상 상태를 나타내며, 운전 그룹의 주파수 설정 방법을 아날로그 입력(0~10[V]) 또는 0~20[mA]이나 RS485 통신을 이용하여 운전하는 경우 신호가 입력되지 않으면, 속도 지령 상실 시 운전 방법 선택(I62)에서 설정한 방법에 따라 운전한다.
ntC	NTC 오픈	NTC 오픈 시 출력을 차단한다.
nbr	브레이크 제어 이상	브레이크 제어 수행 시 전동기 정격 전류의 설정된 크기(I82) 이하로 10초 이상 유지되면 브레이크를 개방하지 않고 출력을 차단한다.

4 이상 대책 및 점검

고장 표시	보호 기능	이상 원인	대책
OCt	과전류	[주의] 과전류에 의한 고장의 경우에는 드라이브 내부에 있는 파워 반도체 소자의 파손 우려가 있으므로 반드시 원인을 제거한 후에 운전을 해야 한다.	
		부하의 관성(GD^2)에 비해 가감속 시간이 지나치게 빠르다.	가감속 시간을 크게 설정한다.
		드라이브의 부하가 정격보다 크다.	용량이 큰 드라이브로 교체한다.
		전동기가 프리 런(Free Run) 중에 드라이브 출력이 인가되었다.	전동기가 정지한 후에 운전을 하거나 드라이브 기능 그룹 2의 속도 서치 기능(H22)을 사용한다.
		출력 단락 및 지락이 발생되었다.	출력 배선을 확인한다.
		전동기의 기계 브레이크 동작이 빠르다.	기계 브레이크를 확인한다.
OC2	과전류 2	iGBT 상하 간 단락이 발생되었다.	iGBT를 체크한다.
		드라이브 출력 단락이 발생되었다.	드라이브 출력 배선을 확인한다.
		부하 GD^{2}에 비해 가감속 시간이 지나치게 빠르다.	가감속 시간을 크게 설정한다.
GFt	지락 전류	드라이브의 출력선이 지락되었다.	드라이브의 출력 단자 배선을 조사한다.
		전동기의 절연이 열화되었다.	전동기를 교체한다.
IOL	드라이브 과부하	드라이브의 부하가 정격보다 크다.	전동기와 드라이브의 용량을 크게 한다.
OLt	과부하 트립	토크 부스트 양이 너무 크다.	토크 부스트 양을 줄인다.
OHt	냉각핀 과열	냉각 계통에 이상이 있다.	공기 흡입구 및 배출구 등 통풍구에 이물질이 있는지 확인한다.
		드라이브를 냉각 팬의 교체 주기 이상으로 장기간 사용하였다.	드라이브 냉각 팬을 교체해야 한다.
		주위 온도가 높다.	라이브 주위 온도를 50℃ 이하로 유지한다.
POt	출력 결상	출력 측 전자 접촉기의 접촉 불량	드라이브 출력 측 전자 접촉기를 확인한다.
		출력 배선 불량	출력 배선을 확인한다.
FAn	냉각 팬 이상	팬이 위치한 드라이브 통풍구에 이물질이 흡입	공기 흡입구 및 배출구를 확인한다.
		드라이브를 냉각 팬의 교체 주기 이상으로 장기간 사용하였다.	드라이브 냉각 팬을 교체한다.

고장 표시	보호 기능	이상 원인	대책
Out	과전압	부하 GD^2에 비해 감속 시간이 너무 짧다.	감속 시간을 크게 설정한다.
		회생 부하가 드라이브 출력 측에 있다.	제동 저항기를 사용한다.
		전원 전압이 높다.	전원 전압이 규정치 이상인지 확인한다.
Lut	저전압	전원 전압이 낮다.	전원 전압이 규정치 이하인지 확인한다.
		전원 계통에 전원 용량보다 큰 부하가 접속되었다.(용접기 또는 전동기 직입 등)	전원 용량을 키운다.
		전원 측 전자 접촉기의 불량 등	전자 접촉기를 교체한다.
EtH	전자 서멀	전동기가 과열되었다.	부하 또는 운전 빈도를 줄인다.
		드라이브의 부하가 정격보다 크다.	드라이브 용량을 키운다.
		전자 서멀 레벨을 낮게 설정하였다.	전자 서멀 레벨을 적절하게 설정한다.
		드라이브 용량 설정이 잘못되었다.	드라이브 용량을 올바르게 설정한다.
		저속에서 장시간 운전하였다.	전동기 냉각 팬의 전원을 별도로 공급할 수 있는 전동기로 교체한다.
EtA	A 접점 고장 신호 입력	입·출력 그룹의 다기능 입력 단자 기능 선택 (I17~I24)을 18번(외부 트립 신호 입력 : A 접점)으로 설정한 단자가 온(ON) 상태이거나 19번(B 접점)으로 설정한 단자가 오프(OFF)인 상태	외부 고장 단자에 연결된 회로 이상 및 외부 고장의 원인을 제거한다.
Etb	B 접점 고장 신호 입력		
--L	주파수 지령 상실	드라이브 단자대의 V1 및 I 단자에 주파수 지령이 없다.	V1 및 I 단자의 배선 및 지령 레벨을 확인한다.
rErr	리모트 로더 통신 에러	드라이브 본체가 있는 로더와 리모트 로더간의 통신선에 이상이 있다.	통신선 연결 커넥터에 통신선이 올바르게 부착되어 있는지 확인한다.
nbr	브레이크 제어 이상	브레이크 개방 전류가 흐르지 않아 더 이상 운전을 못 한다.	모터 용량 및 배선을 확인한다.
EEP, HWT, Err, COM, nTC		• EEP : 파라미터 저장 이상 • HWT : 하드웨어 이상 • Err : 로더와 드라이브 간 통신 에러 • COM : 로더 이상 • NTC : NTC 이상	당사 지정 고객 대리점으로 연락한다.

5 인버터 명칭 및 사용방법

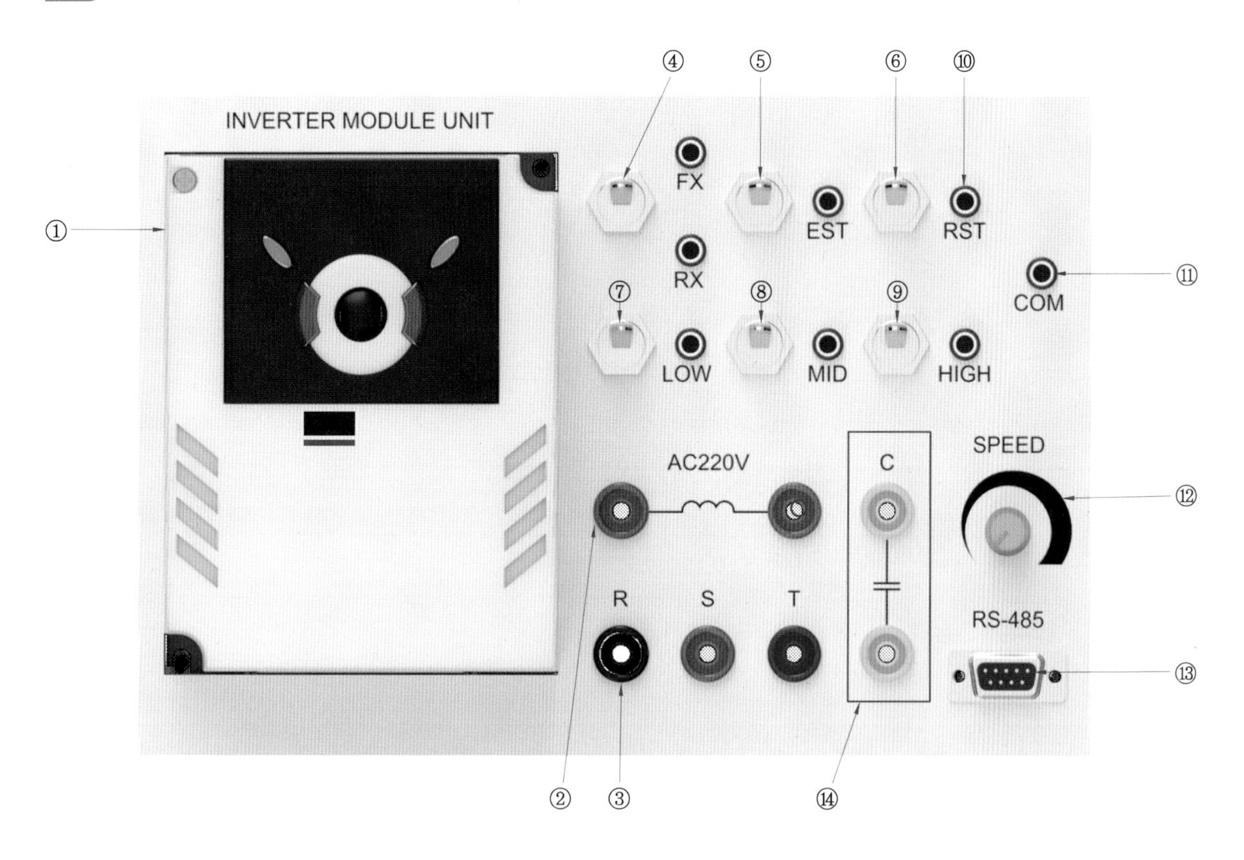

① 인버터	• SV0004IG5A-1 • 입력 : AC 220V 단상, 출력 : AC 220V 3상
② AC 220V 단자	• 인버터의 전원 AC 220V 입력 단자 • AC 220V 전원이 인가되어야 인버터의 전원이 켜진다.
③ R, S, T 단자	• AC 220V 단상을 인버터를 통해 AC 220V 3상으로 변환된 입력 단자
④ FX·RX 스위치	• FX(정회전), RX(역회전) • 토글 스위치의 위치에 따라 정회전과 역회전이 가능하다.
⑤ EST 스위치	• 비상 정지 스위치 • 비상 정지 스위치가 켜지면 모든 동작이 정지된다.
⑥ RST 스위치	• 리셋 스위치 • 비상 정지 시 리셋 스위치를 이용하여 리셋 후 재가동
⑦ LOW 스위치	• 저속 운전 스위치 • 초기 세팅(10Hz)된 주파수로 운전한다.

⑧ MID 스위치	• 중속 운전 스위치 • 초기 세팅(20Hz)된 주파수로 운전한다.
⑨ HIGH 스위치	• 고속 운전 스위치 • 초기 세팅(30Hz)된 주파수로 운전한다.
⑩ PLC 출력 단자	• PLC와 연동하여 제어할 수 있도록 만들어진 출력 단자 • PLC 프로그램 후 출력 단자에 연결하여 가동시킨다.
⑪ PLC COM 단자	• PLC와 연동하여 제어할 수 있도록 만들어진 COM 단자 • PLC 프로그램 후 COM 단자에 연결하여 가동시킨다.
⑫ SPEED	• 스피드 컨트롤러를 통해 주파수 제어가 가능하다. • 단, 저속, 중속, 고속 스위치 조작이 우선 동작한다.
⑬ RS-485	• RS-485 케이블을 연결하여 PLC 및 HMI 통신 조작이 가능하다.
⑭ 기동 콘덴서	• 기동 코일 구동용으로 사용한다.

4-4 권선기 사용법

1 전면 패널 설명

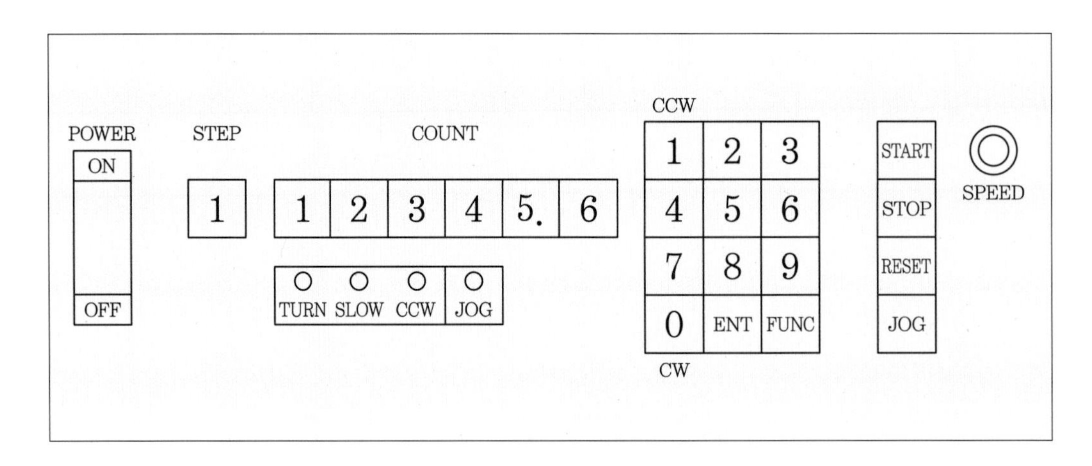

(1) 각 부의 용도

- POWER : 전원 스위치
- STEP(단) : 권선의 STEP 수를 나타낸다.
- COUNT : 실제로 감긴 턴 수를 나타낸다.
- SPEED : 속도 설정 볼륨

TRUN	권선	점등	권선 작업 중
		점멸	턴 수 입력 중
SLOW	저속 설정	점등	저속 동작 중
		점멸	저속 값 입력 중
CCW	주축 회전 방향	점등	역회전(CCW)
		점멸	동작 회전 방향 입력 중
JOG	발판 스위치	점등	누르면 작업, 놓으면 정지
		소등	작업 ⇔ 정지 반복

(2) KEYPAD

- ENT : 데이터 입력 완료, 다음 설정
- FUNC : 다음 스텝 / 기능 호출
- 0~9 : 데이터 입력 숫자 키
- START : 시작
- STOP : 정지
- RESET : 삭제
- JOG : 발판 스위치 작업 설정

2 프로그램 작성법

전원 스위치를 켜면 기계는 바로 동작 상태로 들어간다. 새로운 작업을 입력하려면 ENT 키를 눌러준다.

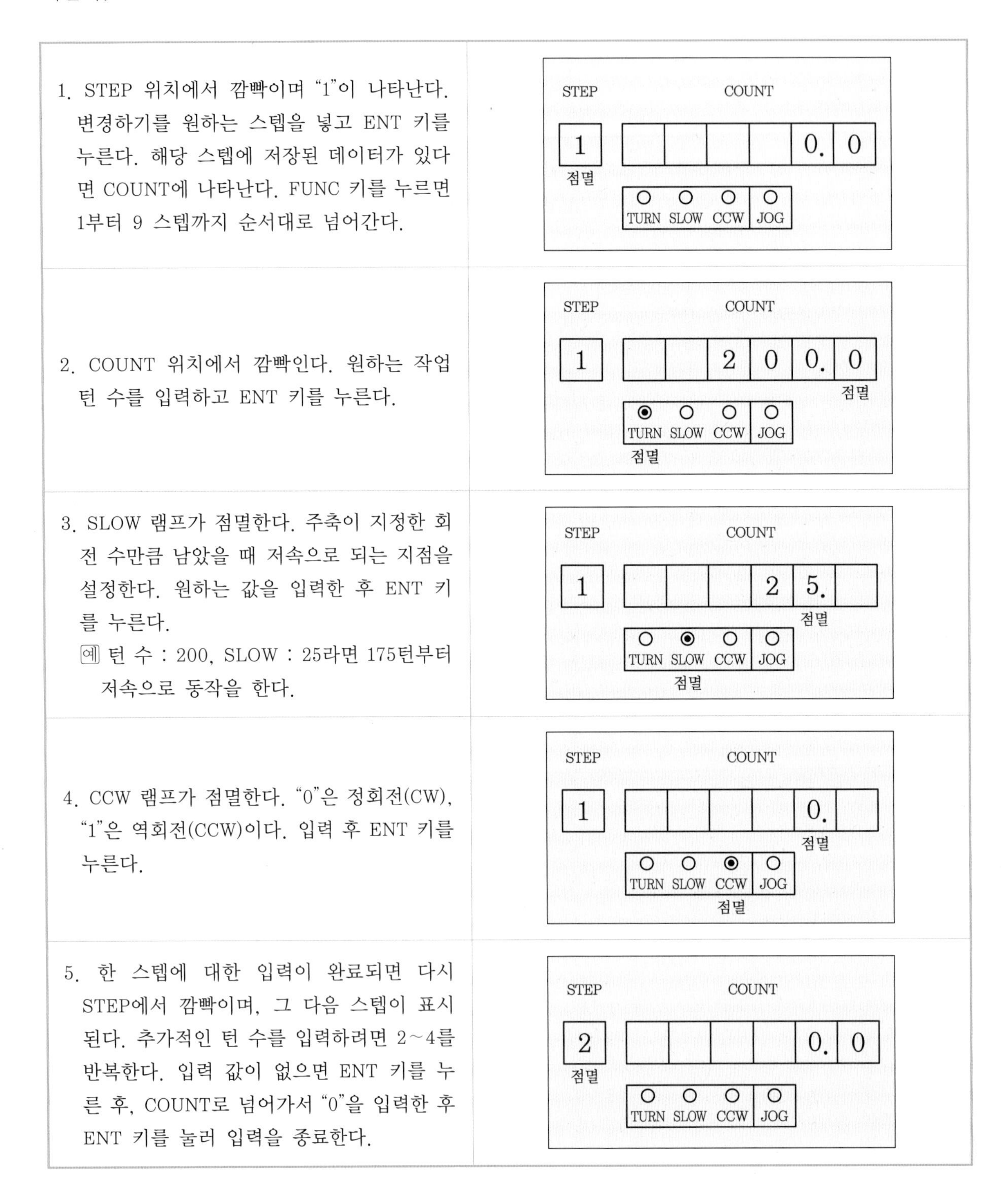

1. STEP 위치에서 깜빡이며 "1"이 나타난다. 변경하기를 원하는 스텝을 넣고 ENT 키를 누른다. 해당 스텝에 저장된 데이터가 있다면 COUNT에 나타난다. FUNC 키를 누르면 1부터 9 스텝까지 순서대로 넘어간다.

2. COUNT 위치에서 깜빡인다. 원하는 작업 턴 수를 입력하고 ENT 키를 누른다.

3. SLOW 램프가 점멸한다. 주축이 지정한 회전 수만큼 남았을 때 저속으로 되는 지점을 설정한다. 원하는 값을 입력한 후 ENT 키를 누른다.
   예 턴 수 : 200, SLOW : 25라면 175턴부터 저속으로 동작을 한다.

4. CCW 램프가 점멸한다. "0"은 정회전(CW), "1"은 역회전(CCW)이다. 입력 후 ENT 키를 누른다.

5. 한 스텝에 대한 입력이 완료되면 다시 STEP에서 깜빡이며, 그 다음 스텝이 표시된다. 추가적인 턴 수를 입력하려면 2~4를 반복한다. 입력 값이 없으면 ENT 키를 누른 후, COUNT로 넘어가서 "0"을 입력한 후 ENT 키를 눌러 입력을 종료한다.

3 작업 상태에서의 램프 표시

정지	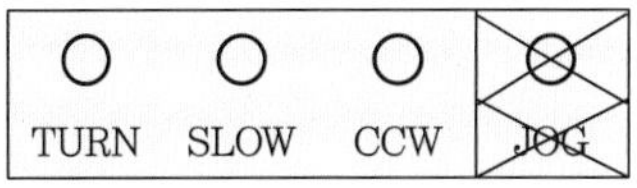 ○ ○ ○ ⊗ TURN SLOW CCW JOG
권선	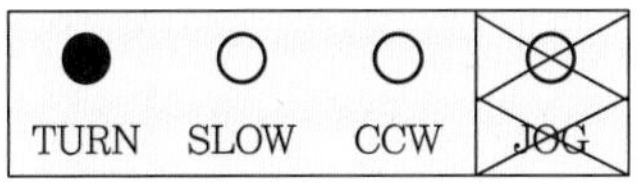 ● ○ ○ ⊗ TURN SLOW CCW JOG
저속권선	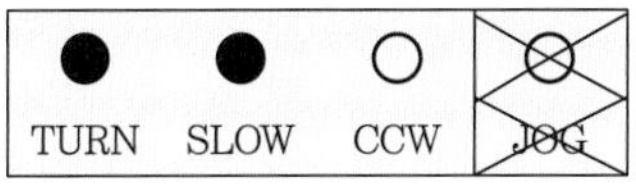 ● ● ○ ⊗ TURN SLOW CCW JOG
역회전 권선	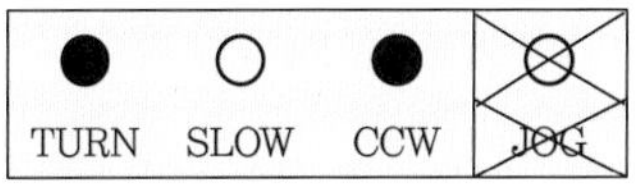 ● ○ ● ⊗ TURN SLOW CCW JOG
발판스위치 동작 작업⇔ 정지 반복	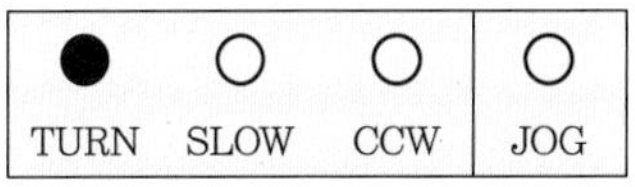 ● ○ ○ ○ TURN SLOW CCW JOG
발판스위치 동작 누르면 작업, 놓으면 정지	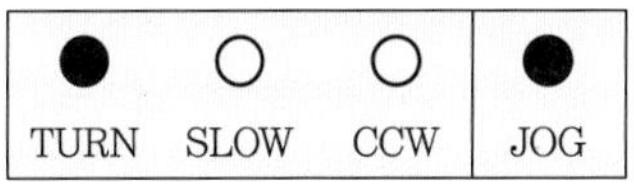 ● ○ ○ ● TURN SLOW CCW JOG

㊟ 작업 중에 생산량을 보고 싶을 때는 기계를 리셋시킨 후, "8" 키를 누르면 COUNT 자리에 표시된다.

4 참고 사항

① 권선기의 모터나 축에 무리한 힘이 가해지게 되면 고장의 원인이 된다.

② 감전 등을 예방하기 위하여 본체는 반드시 어스 처리해서 사용해야 한다.

③ 임의 개조하여 사용하면 안 된다. 정상 동작을 보장할 수 없다.

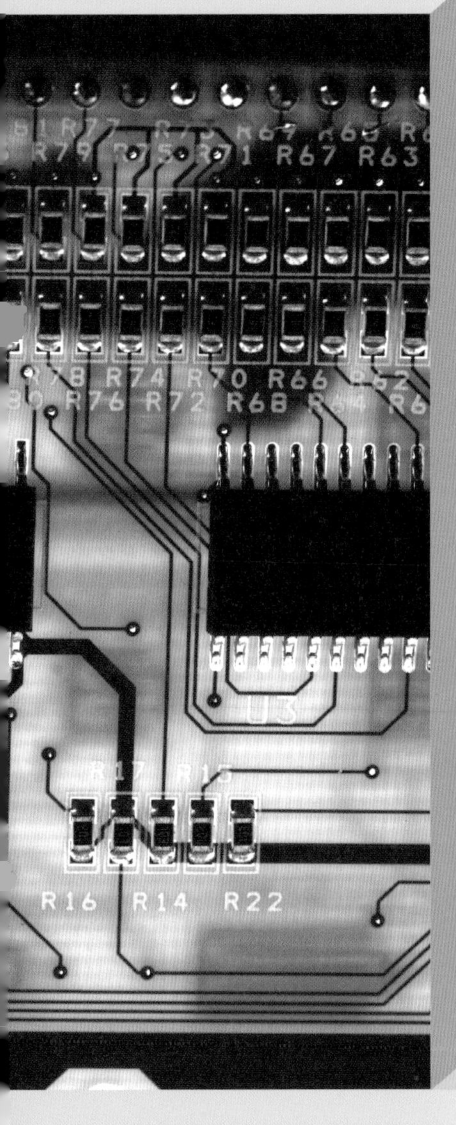

5장

실험·실습 과제

실험·실습 과제 (1)

실습 번호	1	실습 과제명	절연지 제작	소요 시간	1시간

학번 (   ) 이름 (   )

❑ 실습 목적

- 절연지 제작 방법에 대하여 알 수 있다.
- 절연지 삽입 방법에 대하여 알 수 있다.

❑ 실험·실습 기자재 활용

번호	기자재명 및 공구명	규격	수량	비고
1	고정자 코어(24/36슬롯)		1	
2			1	
3			1	
4			1	
5			1	
6			1	

❑ 실험·실습 소요 재료 내역

번호	재료명	규격	수량	번호	재료명	규격	수량
1	고정자 코어	24슬롯	1	6			
2	절연지		1	7			
3	장갑		1	8			
4	칼		1	9			
5	철자		1	10			

❑ 조작 사항(절연지 배치)

[실습 1] **전연 실습 결과물 형상, 고정자 24슬롯**

❑ 지시 사항 및 안전 사항

1. 절연지의 사이즈를 철자로 정확히 측정하여 칼로 잘라야 한다.
2. 절연지의 양끝 단 안쪽으로 3mm되는 지점에 칼집을 넣어 접어야 한다.
3. 절연지가 구부러지지 않게 삽입하여야 한다.

❑ 평가 내용

평가 영역		세부 평가 내용	배점
요소 작업	코일 절연	절연지의 외형과 절연 방법은 바른가?	10
실습 태도	실습 준비	공구 및 실습 준비는 철저한가?	10
	재료 사용	실습 재료의 사용은 경제적인가?	10
	문제 해결	발생한 문제의 해결에 적극적이며 방법은 바람직한가?	10
실습 시간		정해진 시간 이내에 작업하였는가?	10
합계			50

실험·실습 과제 (2)

실습 번호	1-1	실습 과제명	단상 4극 유도 전동기 제작	소요 시간	3시간

학번 (   ) 이름 (   )

❑ 실습 목적

- 단상 4극 유도 전동기의 코일 배치도 및 결선도를 해석할 수 있다.
- 코일 배치도 및 결선도에 따라 전동기를 제작할 수 있다.

❑ 실험·실습 기자재 활용

번호	기자재명 및 공구명	규격	수량	비고
1	전기 기기 실습 장비	SNET-E100	1	
2				
3				

❑ 실험·실습 소요 재료 내역

번호	재료명	규격	수량	번호	재료명	규격	수량
1	고정자	24슬롯	1	6	절연 튜브	ϕ2mm	1m
2	코일	ϕ0.3mm	1.6kg	7	절연 튜브	ϕ5mm	0.5m
3	파이버지	0.8t×200×250mm	1장	8	호밍사	ϕ2mm	5m
4	절연지	0.25t×200×1000mm	1장	9	리드선	30/0.18mm×1C	2m
5	절연지	0.12t×200×1000mm	1장	10	실납	ϕ1mmSN60%	1m

❑ 조작 사항(코일 배치)

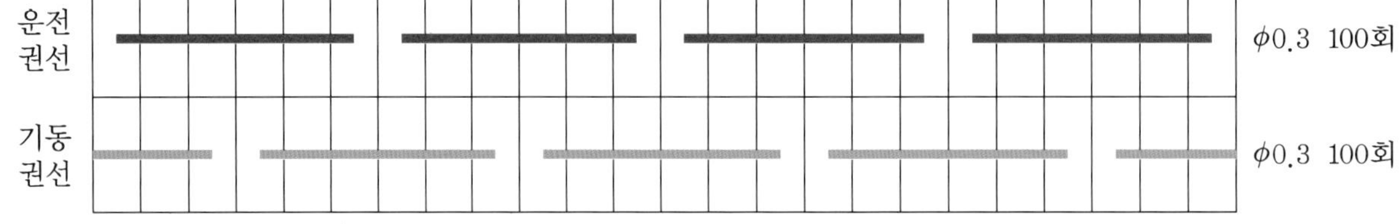

❑ 시퀀스도(코일 결선)

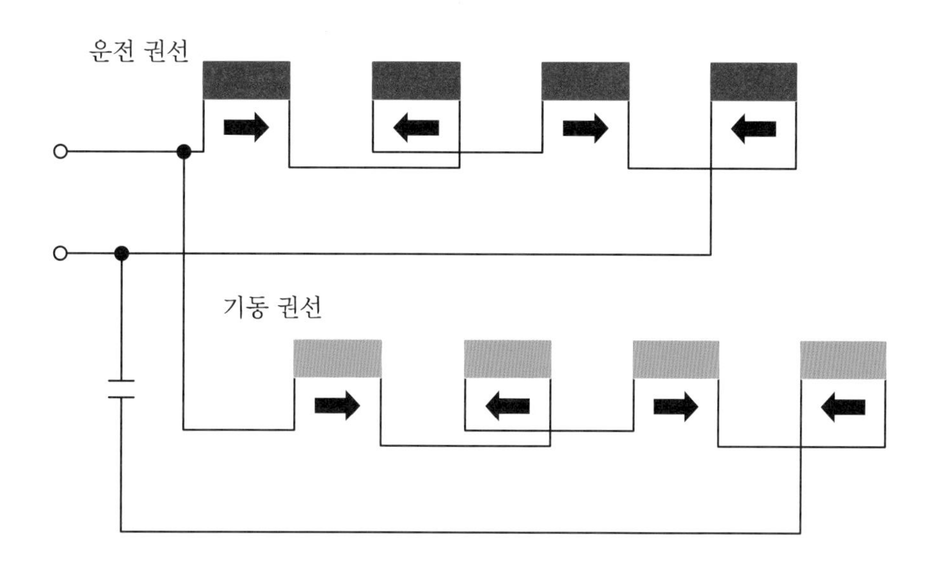

❑ 회로도(코일 삽입)

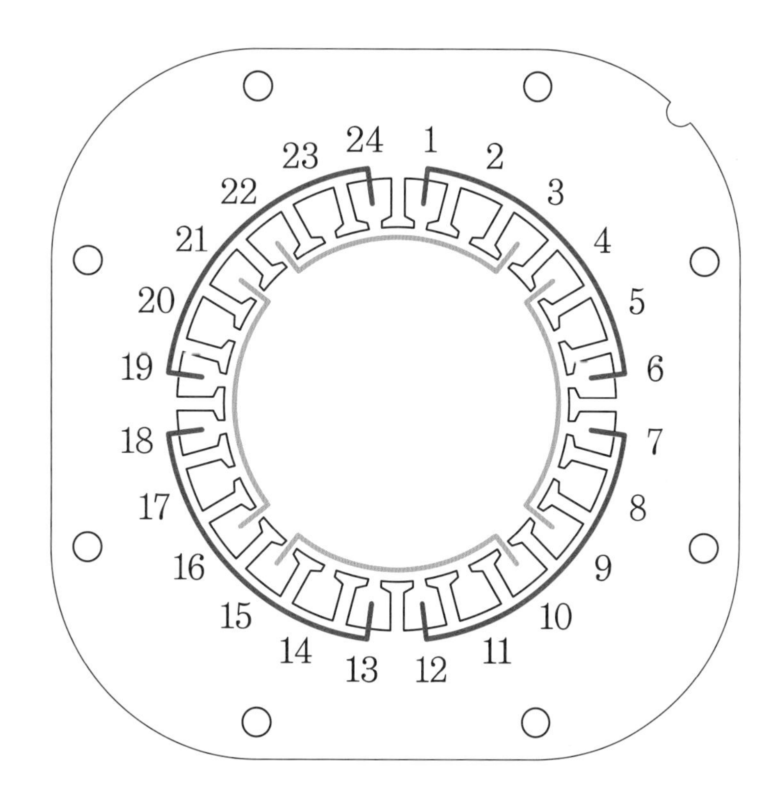

❑ 지시 사항 및 안전 사항

1. 슬롯 절연은 0.25mm 절연지를 사용하였고, 턱받이의 길이가 2~5mm 이내로 한다.
2. 파이버지로 쐐기를 삽입하고, 긴 것과 짧은 것의 차가 1mm 이내로 한다.
3. 0.13mm 절연지를 사용하여 코일 상호간을 분리되도록 층간 절연 및 상간 절연한다.
4. 코일 가닥이 교차됨이 없이 삽입하고, 구부러짐이 없이 삽입되도록 한다.
5. 리드선을 300mm 정도 인출하고, 리드선의 끝 피복을 최소 10~30mm 벗긴다.
6. 접속점에 모두 납땜을 하고, 굵기에 따라 절연 튜브를 사용한다.

❑ 평가 요목

평가 영역		세부 평가 내용	배점
회로 해석		주어진 과제의 코일 결선 회로 해석은 바른가?	10
요소 작업	코일 절연	절연지의 외형과 절연 방법은 바른가?	10
	코일 삽입	가지런히 코일을 삽입하고 파이버지를 끼웠는가?	10
	코일 묶기	리드선 및 코일은 호밍사로 가지런히 묶었는가?	10
동작 사항		주어진 회로와 일치하여 전동기가 회전하는가?	20
실습 태도	실습 준비	공구 및 실습 준비는 철저한가?	10
	재료 사용	실습 재료의 사용은 경제적인가?	10
	문제 해결	발생한 문제의 해결에 적극적이며 방법은 바람직한가?	10
실습 시간		정해진 시간 이내에 작업하였는가?	10
합계			100

실험·실습 과제 (3)

실습 번호	1-2	실습 과제명	단상 4극 유도 전동기 제작	소요 시간	3시간

학번 (   ) 이름 (   )

❑ 실습 목적

- 단상 4극 유도 전동기의 코일 배치도 및 결선도를 해석할 수 있다.
- 코일 배치도 및 결선도에 따라 전동기를 제작할 수 있다.

❑ 실험·실습 기자재 활용

번호	기자재명 및 공구명	규격	수량	비고
1	전기 기기 실습 장비	SNET-E100	1	
2				
3				

❑ 실험·실습 소요 재료 내역

번호	재료명	규격	수량	번호	재료명	규격	수량
1	고정자	24슬롯	1	6	절연 튜브	ϕ2mm	1m
2	코일	ϕ0.3mm	1.6kg	7	절연 튜브	ϕ5mm	0.5m
3	파이버지	0.8t×200×250mm	1장	8	호밍사	ϕ2mm	5m
4	절연지	0.25t×200×1000mm	1장	9	리드선	30/0.18mm×1C	2m
5	절연지	0.12t×200×1000mm	1장	10	실납	ϕ1mmSN60%	1m
6	사포	180	1장				

❑ 조작 사항(코일 배치)

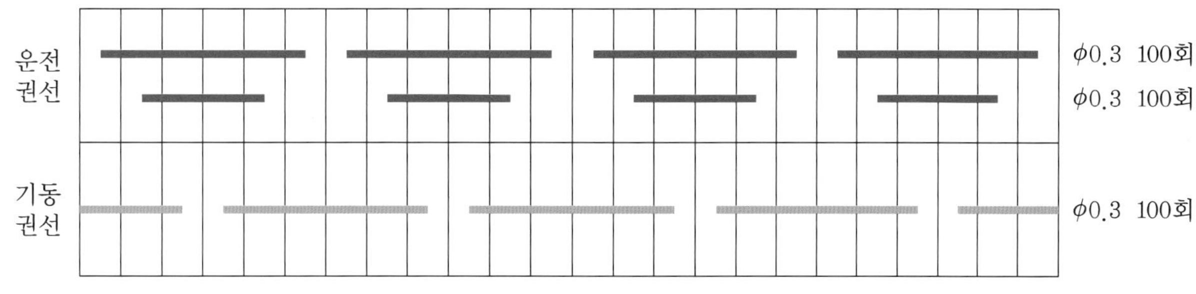

□ 시퀀스도 (코일 결선)

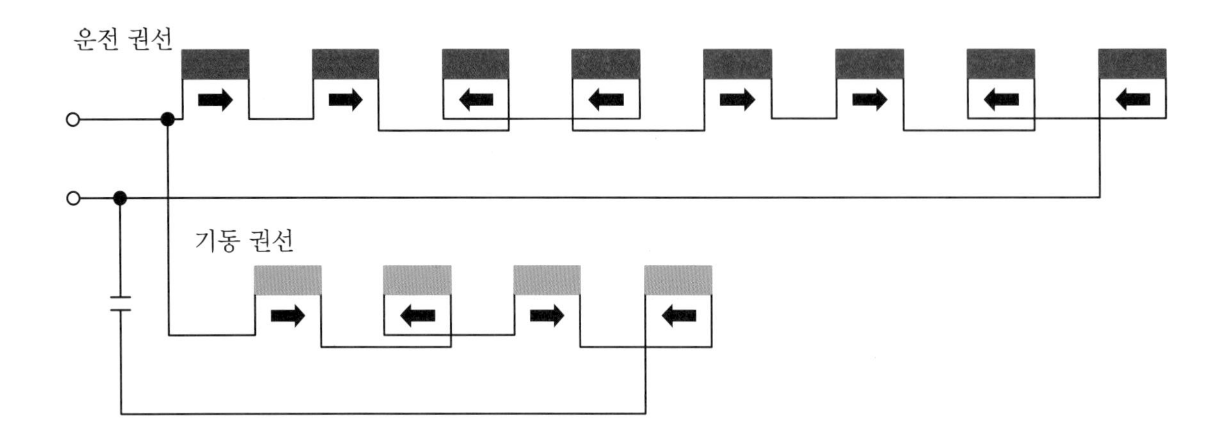

□ 회로도 (코일 삽입)

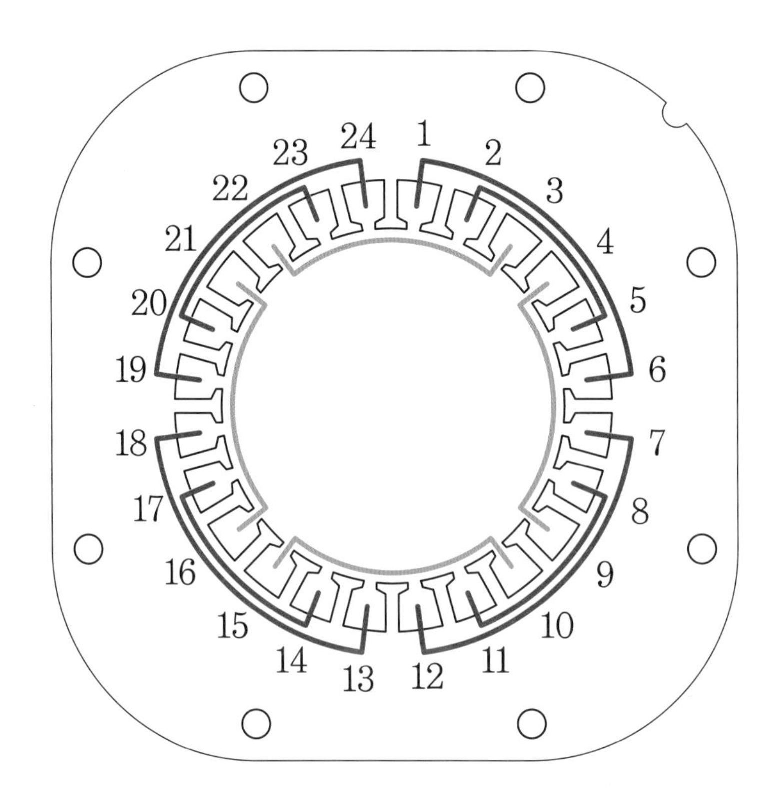

❏ 지시 사항 및 안전 사항

1. 슬롯 절연은 0.25mm 절연지를 사용하였고, 턱받이의 길이가 2~5mm 이내로 한다.
2. 파이버지로 쐐기를 삽입하고, 긴 것과 짧은 것의 차가 1mm 이내로 한다.
3. 0.13mm 절연지를 사용하여 코일 상호간을 분리되도록 층간 절연 및 상간 절연한다.
4. 코일 가닥이 교차됨이 없이 삽입하고, 구부러짐이 없이 삽입되도록 한다.
5. 리드선을 300mm 정도 인출하고, 리드선의 끝 피복을 최소 10~30mm 벗긴다.
6. 접속점에 모두 납땜을 하고, 굵기에 따라 절연 튜브를 사용한다.
7. 철심으로부터 코일 단부의 높이가 30mm 이내가 되도록 한다.
8. 성형하여 철심의 내부나 외부 쪽에서 코일이 보이지 않도록 견고하게 성형한다.

❏ 평가 요목

평가 영역		세부 평가 내용	배점
회로 해석		주어진 과제의 코일 결선 회로 해석은 바른가?	10
요소 작업	코일 절연	절연지의 외형과 절연 방법은 바른가?	10
	코일 삽입	가지런히 코일을 삽입하고 파이버지를 끼웠는가?	10
	코일 묶기	리드선 및 코일은 호밍사로 가지런히 묶었는가?	10
동작 사항		주어진 회로와 일치하여 전동기가 회전하는가?	20
실습 태도	실습 준비	공구 및 실습 준비는 철저한가?	10
	재료 사용	실습 재료의 사용은 경제석인가?	10
	문제 해결	발생한 문제의 해결에 적극적이며 방법은 바람직한가?	10
실습 시간		정해진 시간 이내에 작업하였는가?	10
합계			100

실험·실습 과제 (4)

실습 번호	1-3	실습 과제명	단상 4극 유도 전동기 제작	소요 시간	3시간

학번 (　　　　　　) 이름 (　　　　　　　　)

❑ 실습 목적

- 단상 4극 유도 전동기의 코일 배치도 및 결선도를 해석할 수 있다.
- 코일 배치도 및 결선도에 따라 전동기를 제작할 수 있다.

❑ 실험·실습 기자재 활용

번호	기자재명 및 공구명	규격	수량	비고
1	전기 기기 실습 장비	SNET-E100	1	
2				
3				

❑ 실험·실습 소요 재료 내역

번호	재료명	규격	수량	번호	재료명	규격	수량
1	고정자	24슬롯	1	7	절연 튜브	φ2mm	1m
2	코일	φ0.3mm	1.6kg	8	절연 튜브	φ5mm	0.5m
3	파이버지	0.8t×200×250mm	1장	9	호밍사	φ2mm	5m
4	절연지	0.25t×200×1000mm	1장	10	리드선	30/0.18mm×1C	2m
5	절연지	0.12t×200×1000mm	1장	11	실납	φ1mmSN60%	1m
6	사포	180	1장				

❑ 조작 사항(코일 배치)

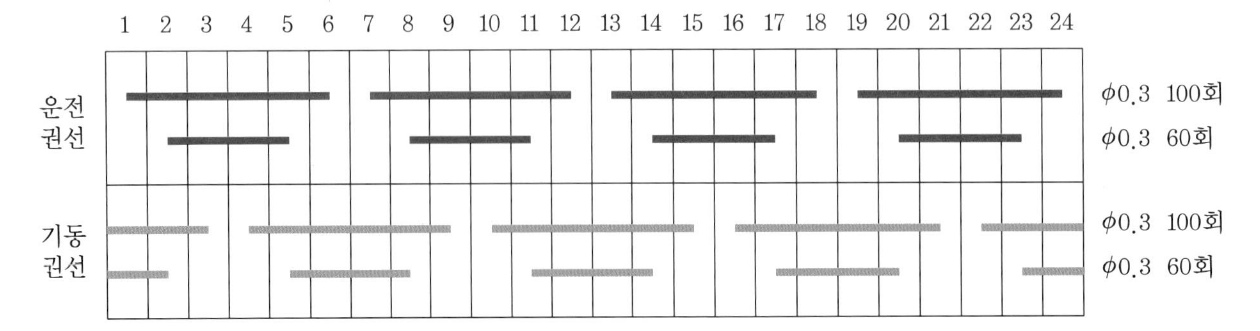

❑ 시퀀스도 (코일 결선)

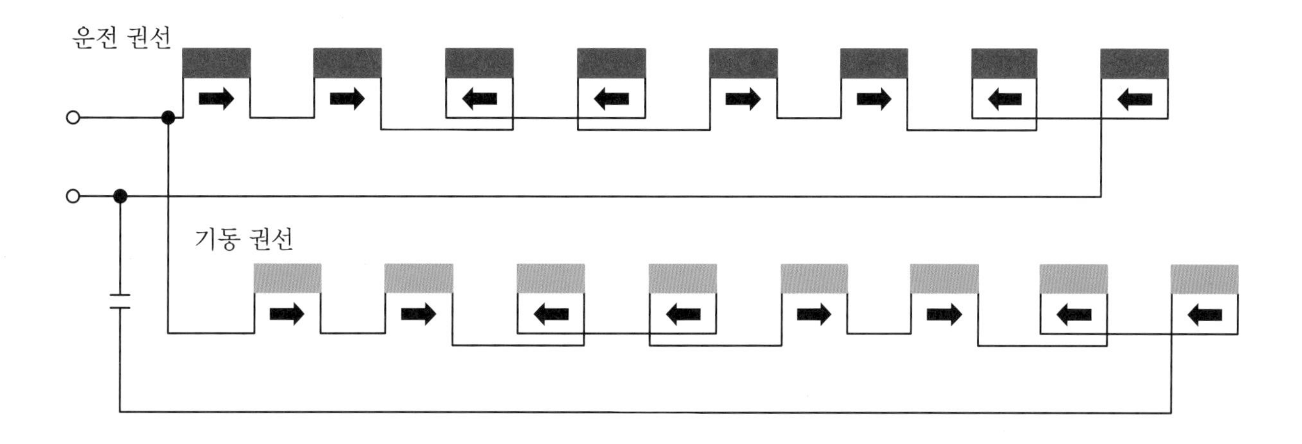

❑ 회로도 (코일 삽입)

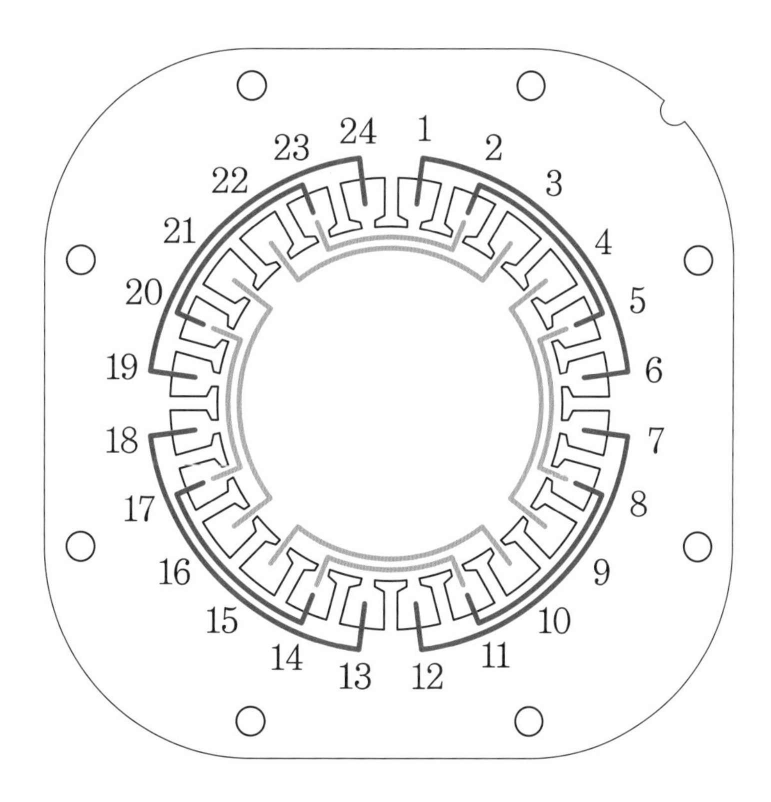

❑ 지시 사항 및 안전 사항

1. 슬롯 절연은 0.25mm 절연지를 사용하였고, 턱받이의 길이가 2~5mm 이내로 한다.
2. 파이버지로 쐐기를 삽입하고, 긴 것과 짧은 것의 차가 1mm 이내로 한다.
3. 0.13mm 절연지를 사용하여 코일 상호간을 분리되도록 층간 절연 및 상간 절연한다.
4. 코일 가닥이 교차됨이 없이 삽입하고, 구부러짐이 없이 삽입되도록 한다.
5. 리드선을 300mm 정도 인출하고, 리드선의 끝 피복을 최소 10~30mm 벗긴다.
6. 접속점에 모두 납땜을 하고, 굵기에 따라 절연 튜브를 사용한다.
7. 철심으로부터 코일 단부의 높이가 30mm 이내가 되도록 한다.

❑ 평가 요목

평가 영역		세부 평가 내용	배점
회로 해석		주어진 과제의 코일 결선 회로 해석은 바른가?	10
요소 작업	코일 절연	절연지의 외형과 절연 방법은 바른가?	10
	코일 삽입	가지런히 코일을 삽입하고 파이버지를 끼웠는가?	10
	코일 묶기	리드선 및 코일은 호밍사로 가지런히 묶었는가?	10
동작 사항		주어진 회로와 일치하여 전동기가 회전하는가?	20
실습 태도	실습 준비	공구 및 실습 준비는 철저한가?	10
	재료 사용	실습 재료의 사용은 경제적인가?	10
	문제 해결	발생한 문제의 해결에 적극적이며 방법은 바람직한가?	10
실습 시간		정해진 시간 이내에 작업하였는가?	10
합계			100

실험·실습 과제 (5)

실습 번호	1-4	실습 과제명	단상 4극 유도 전동기 제작	소요 시간	3시간

학번 (   ) 이름 (   )

❑ 실습 목적

- 단상 4극 유도 전동기의 코일 배치도 및 결선도를 해석할 수 있다.
- 코일 배치도 및 결선도에 따라 전동기를 제작할 수 있다.

❑ 실험·실습 기자재 활용

번호	기자재명 및 공구명	규격	수량	비고
1	전기 기기 실습 장비	SNET-E100	1	
2				
3				

❑ 실험·실습 소요 재료 내역

번호	재료명	규격	수량	번호	재료명	규격	수량
1	고정자	24슬롯	1	7	절연 튜브	ϕ2mm	1m
2	코일	ϕ0.3mm	1.6kg	8	절연 튜브	ϕ5mm	0.5m
3	파이버지	0.8t×200×250mm	1장	9	호밍사	ϕ2mm	5m
4	절연지	0.25t×200×1000mm	1장	10	리드선	30/0.18mm×1C	2m
5	절연지	0.12t×200×1000mm	1장	11	실납	ϕ1mmSN60%	1m
6	사포	180	1장				

❑ 조작 사항(코일 배치)

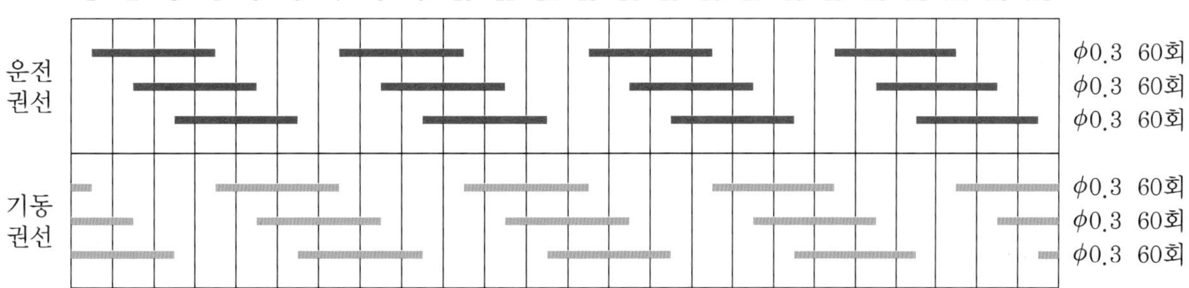

□ 시퀀스도 (코일 결선)

운전 권선

기동 권선

□ 회로도 (코일 삽입)

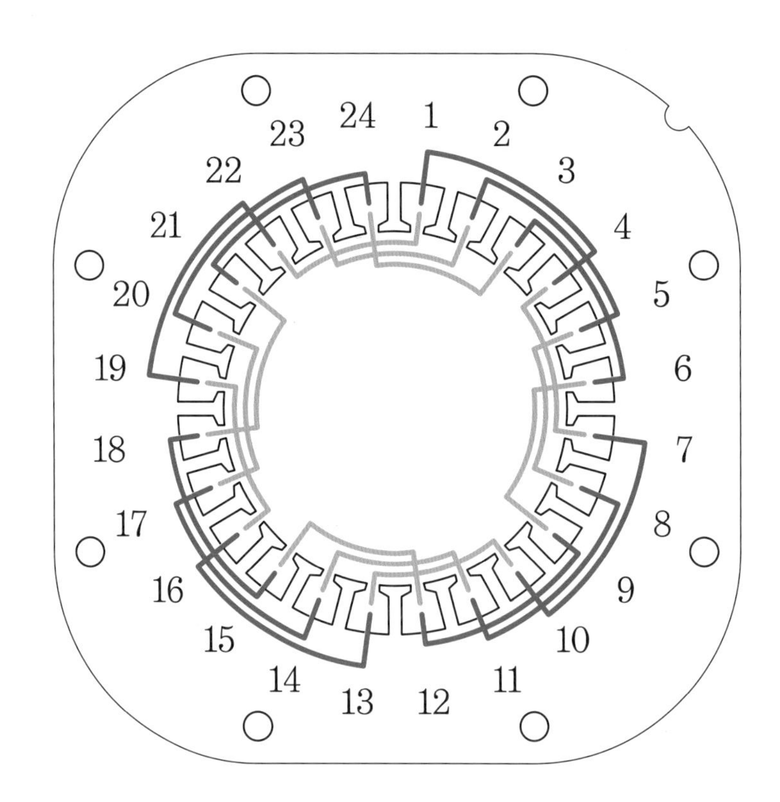

❑ 지시 사항 및 안전 사항

1. 슬롯 절연은 0.25mm 절연지를 사용하였고, 턱받이의 길이가 2~5mm 이내로 한다.
2. 파이버지로 쐐기를 삽입하고, 긴 것과 짧은 것의 차가 1mm 이내로 한다.
3. 0.13mm 절연지를 사용하여 코일 상호간을 분리되도록 층간 절연 및 상간 절연한다.
4. 코일 가닥이 교차됨이 없이 삽입하고, 구부러짐이 없이 삽입되도록 한다.
5. 리드선을 300mm 정도 인출하고, 리드선의 끝 피복을 최소 10~30mm 벗긴다.
6. 접속점에 모두 납땜을 하고, 굵기에 따라 절연 튜브를 사용한다.
7. 철심으로부터 코일 단부의 높이가 30mm 이내가 되도록 한다.
8. 성형하여 철심의 내부나 외부 쪽에서 코일이 보이지 않도록 견고하게 성형한다.

❑ 평가 요목

평가 영역		세부 평가 내용	배점
회로 해석		주어진 과제의 코일 결선 회로 해석은 바른가?	10
요소 작업	코일 절연	절연지의 외형과 절연 방법은 바른가?	10
	코일 삽입	가지런히 코일을 삽입하고 파이버지를 끼웠는가?	10
	코일 묶기	리드선 및 코일은 호밍사로 가지런히 묶었는가?	10
동작 사항		주어진 회로와 일치하여 전동기가 회전하는가?	20
실습 태도	실습 준비	공구 및 실습 준비는 철저한가?	10
	재료 사용	실습 재료의 사용은 경제적인가?	10
	문제 해결	발생한 문제의 해결에 적극적이며 방법은 바람직한가?	10
실습 시간		정해진 시간 이내에 작업하였는가?	10
합계			100

실험·실습 과제 (6)

실습 번호	1-5	실습 과제명	단상 6극 유도 전동기 제작	소요 시간	3시간

학번 (　　　　　　) 이름 (　　　　　　　　)

❑ 실습 목적

• 단상 6극 유도 전동기의 코일 배치도 및 결선도를 해석할 수 있다.
• 코일 배치도 및 결선도에 따라 전동기를 제작할 수 있다.

❑ 실험·실습 기자재 활용

번호	기자재명 및 공구명	규격	수량	비고
1	전기 기기 실습 장비	SNET-E100	1	
2				
3				

❑ 실험·실습 소요 재료 내역

번호	재료명	규격	수량	번호	재료명	규격	수량
1	고정자	24슬롯	1	7	절연 튜브	ϕ2mm	1m
2	코일	ϕ0.3mm	1.6kg	8	절연 튜브	ϕ5mm	0.5m
3	파이버지	0.8t×200×250mm	1장	9	호밍사	ϕ2mm	5m
4	절연지	0.25t×200×1000mm	1장	10	리드선	30/0.18mm×1C	2m
5	절연지	0.12t×200×1000mm	1장	11	실납	ϕ1mmSN60%	1m
6	사포	180	1장				

❑ 조작 사항 (코일 배치)

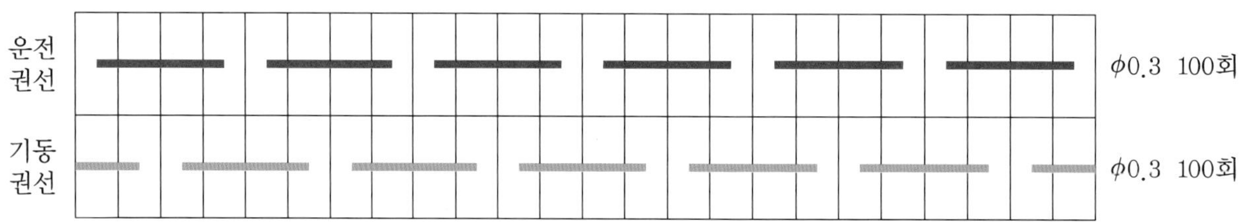

❑ 시퀀스도 (코일 결선)

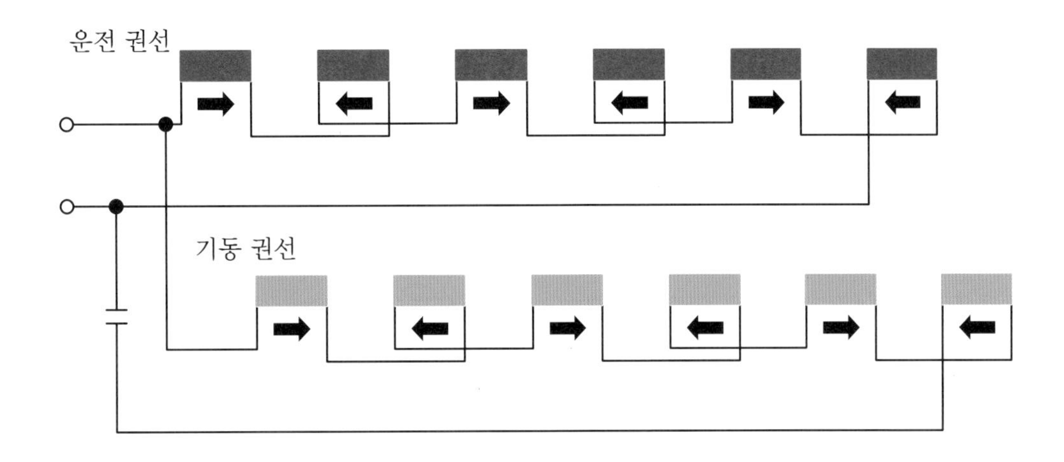

❑ 회로도 (코일 삽입)

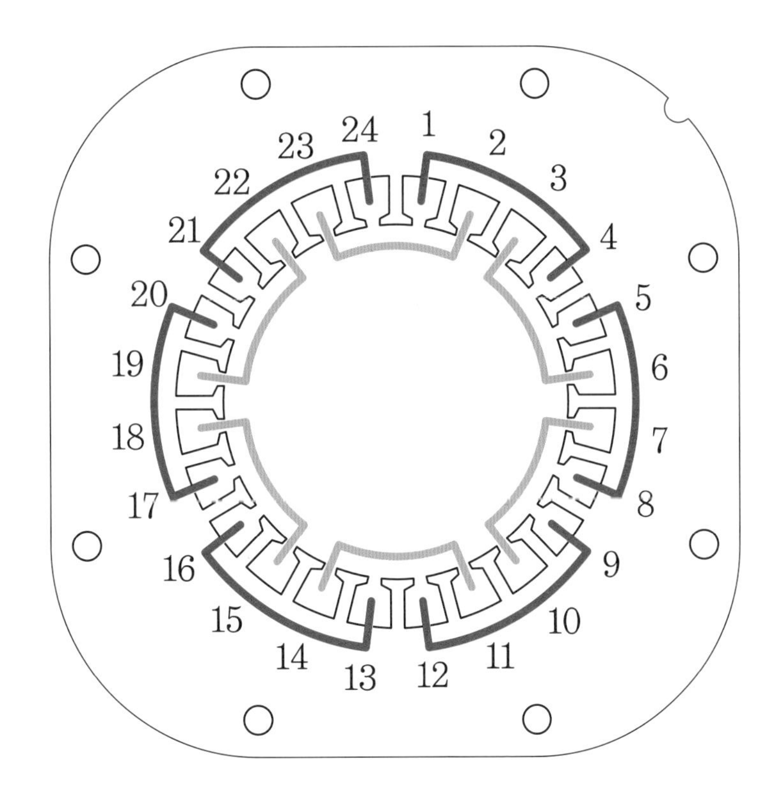

❑ 지시 사항 및 안전 사항

1. 슬롯 절연은 0.25mm 절연지를 사용하였고, 턱받이의 길이가 2~5mm 이내로 한다.
2. 파이버지로 쐐기를 삽입하고, 긴 것과 짧은 것의 차가 1mm 이내로 한다.
3. 0.13mm 절연지를 사용하여 코일 상호간을 분리되도록 층간 절연 및 상간 절연한다.
4. 코일 가닥이 교차됨이 없이 삽입하고, 구부러짐이 없이 삽입되도록 한다.
5. 리드선을 300mm 정도 인출하고, 리드선의 끝 피복을 최소 10~30mm 벗긴다.
6. 접속점에 모두 납땜을 하고, 굵기에 따라 절연 튜브를 사용한다.
7. 철심으로부터 코일 단부의 높이가 30mm 이내가 되도록 한다.

❑ 평가 요목

평가 영역		세부 평가 내용	배점
회로 해석		주어진 과제의 코일 결선 회로 해석은 바른가?	10
요소 작업	코일 절연	절연지의 외형과 절연 방법은 바른가?	10
	코일 삽입	가지런히 코일을 삽입하고 파이버지를 끼웠는가?	10
	코일 묶기	리드선 및 코일은 호밍사로 가지런히 묶었는가?	10
동작 사항		주어진 회로와 일치하여 전동기가 회전하는가?	20
실습 태도	실습 준비	공구 및 실습 준비는 철저한가?	10
	재료 사용	실습 재료의 사용은 경제적인가?	10
	문제 해결	발생한 문제의 해결에 적극적이며 방법은 바람직한가?	10
실습 시간		정해진 시간 이내에 작업하였는가?	10
합계			100

실험·실습 과제 (7)

실습 번호	1-6	실습 과제명	단상 6극 유도 전동기 제작	소요 시간	3시간

학번 (　　　　　　) 이름 (　　　　　　　　)

❑ 실습 목적

• 단상 6극 유도 전동기의 코일 배치도 및 결선도를 해석할 수 있다.
• 코일 배치도 및 결선도에 따라 전동기를 제작할 수 있다.

❑ 실험·실습 기자재 활용

번호	기자재명 및 공구명	규격	수량	비고
1	전기 기기 실습 장비	SNET-E100	1	
2				
3				

❑ 실험·실습 소요 재료 내역

번호	재료명	규격	수량	번호	재료명	규격	수량
1	고정자	24슬롯	1	7	절연 튜브	ϕ2mm	1m
2	코일	ϕ0.3mm	1.6kg	8	절연 튜브	ϕ5mm	0.5m
3	파이버지	0.8t×200×250mm	1장	9	호밍사	ϕ2mm	5m
4	절연지	0.25t×200×1000mm	1장	10	리드선	30/0.18mm×1C	2m
5	절연지	0.12t×200×1000mm	1장	11	실납	ϕ1mmSN60%	1m
6	사포	180	1장				

❑ 조작 사항(코일 배치)

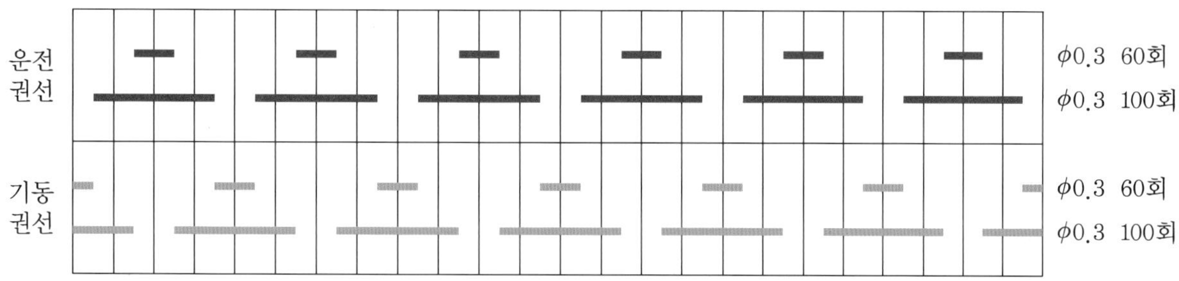

❑ 시퀀스도 (코일 결선)

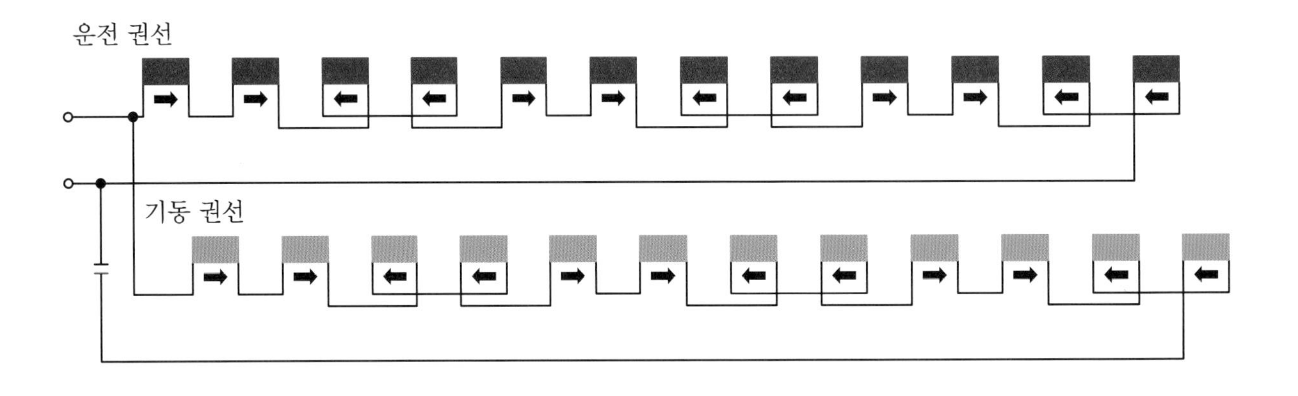

❑ 회로도 (코일 삽입)

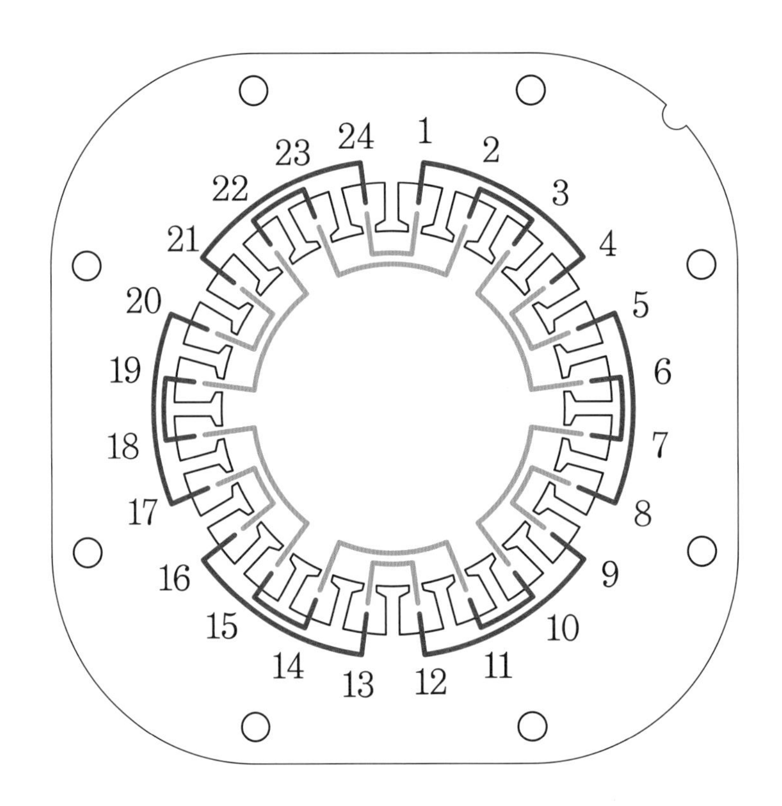

❑ 지시 사항 및 안전 사항

1. 슬롯 절연은 0.25mm 절연지를 사용하였고, 턱받이의 길이가 2~5mm 이내로 한다.
2. 파이버지로 쐐기를 삽입하고, 긴 것과 짧은 것의 차가 1mm 이내로 한다.
3. 0.13mm 절연지를 사용하여 코일 상호간을 분리되도록 층간 절연 및 상간 절연한다.
4. 코일 가닥이 교차됨이 없이 삽입하고 구부러짐이 없이 삽입되도록 한다.
5. 리드선을 300mm 정도 인출하고 리드선의 끝 피복을 최소 10~30mm 벗긴다.
6. 접속점에 모두 납땜을 하고 굵기에 따라 절연 튜브를 사용한다.
7. 철심으로부터 코일 단부의 높이가 30mm 이내가 되도록 한다.

❑ 평가 요목

평가 영역		세부 평가 내용	배점
회로 해석		주어진 과제의 코일 결선 회로 해석은 바른가?	10
요소 작업	코일 절연	절연지의 외형과 절연 방법은 바른가?	10
	코일 삽입	가지런히 코일을 삽입하고 파이버지를 끼웠는가?	10
	코일 묶기	리드선 및 코일은 호밍사로 가지런히 묶었는가?	10
동작 사항		주어진 회로와 일치하여 전동기가 회전하는가?	20
실습 태도	실습 준비	공구 및 실습 준비는 철저한가?	10
	재료 사용	실습 재료의 사용은 경제적인가?	10
	문제 해결	발생한 문제의 해결에 적극적이며 방법은 바람직한가?	10
실습 시간		정해진 시간 이내에 작업하였는가?	10
합계			100

실험·실습 과제 (8)

실습 번호	1-7	실습 과제명	단상 2극 유도 전동기 제작	소요 시간	3시간

학번 (   ) 이름 (   )

❑ 실습 목적

- 단상 2극 유도 전동기의 코일 배치도 및 결선도를 해석할 수 있다.
- 코일 배치도 및 결선도에 따라 전동기를 제작할 수 있다.

❑ 실험·실습 기자재 활용

번호	기자재명 및 공구명	규격	수량	비고
1	전기 기기 실습 장비	SNET-E100	1	
2				
3				

❑ 실험·실습 소요 재료 내역

번호	재료명	규격	수량	번호	재료명	규격	수량
1	고정자	24슬롯	1	7	절연 튜브	ϕ2mm	1m
2	코일	ϕ0.3mm	1.6kg	8	절연 튜브	ϕ5mm	0.5m
3	파이버지	0.8t×200×250mm	1장	9	호밍사	ϕ2mm	5m
4	절연지	0.25t×200×1000mm	1장	10	리드선	30/0.18mm×1C	2m
5	절연지	0.12t×200×1000mm	1장	11	실납	ϕ1mmSN60%	1m
6	사포	180	1장				

❑ 조작 사항(코일 배치)

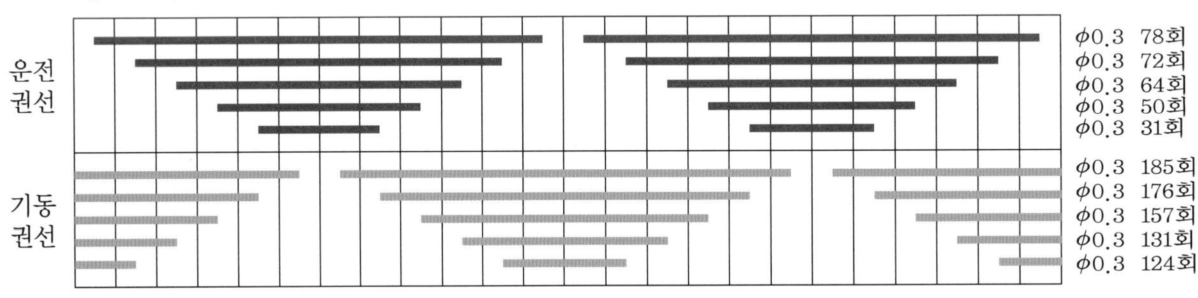

❑ 시퀀스도 (코일 결선)

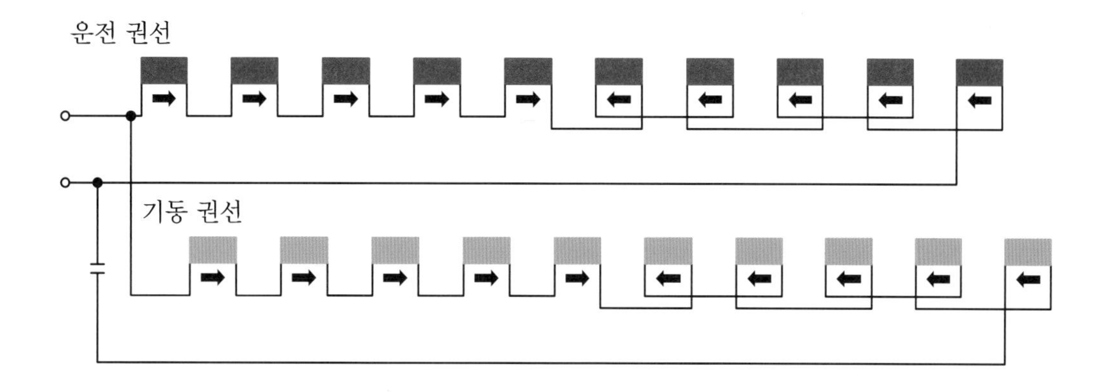

❑ 회로도 (코일 삽입)

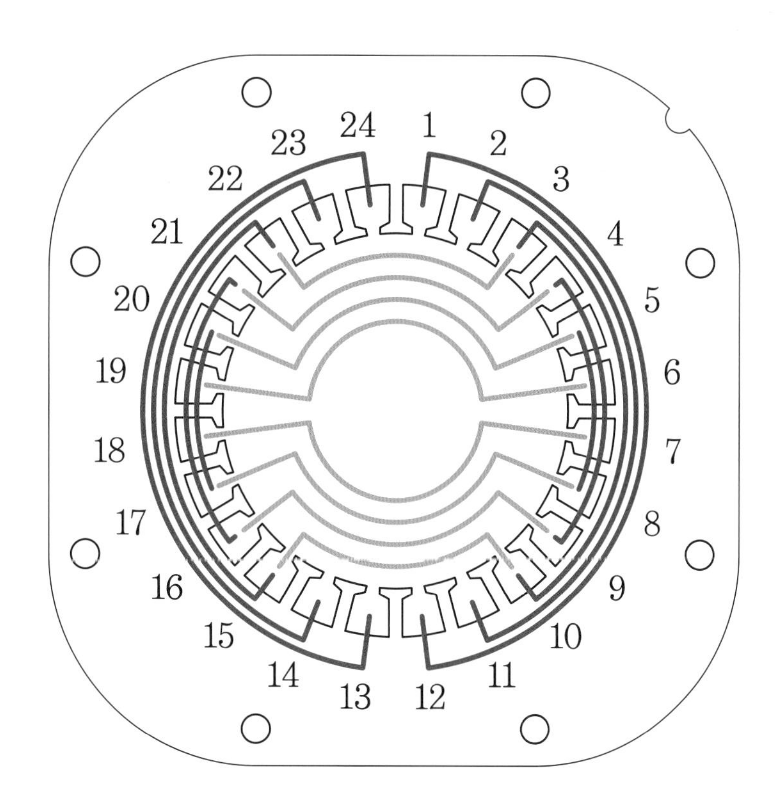

❑ 지시 사항 및 안전 사항

1. 슬롯 절연은 0.25mm 절연지를 사용하였고, 턱받이의 길이가 2~5mm 이내로 한다.
2. 파이버지로 쐐기를 삽입하고, 긴 것과 짧은 것의 차가 1mm 이내로 한다.
3. 0.13mm 절연지를 사용하여 코일 상호간을 분리되도록 층간 절연 및 상간 절연한다.
4. 코일 가닥이 교차됨이 없이 삽입하고 구부러짐이 없이 삽입되도록 한다.
5. 리드선을 300mm 정도 인출하고, 리드선의 끝 피복을 최소 10~30mm 벗긴다.
6. 접속점에 모두 납땜을 하고, 굵기에 따라 절연 튜브를 사용한다.

❑ 평가 요목

평가 영역		세부 평가 내용	배점
회로 해석		주어진 과제의 코일 결선 회로 해석은 바른가?	10
요소 작업	코일 절연	절연지의 외형과 절연 방법은 바른가?	10
	코일 삽입	가지런히 코일을 삽입하고 파이버지를 끼웠는가?	10
	코일 묶기	리드선 및 코일은 호밍사로 가지런히 묶었는가?	10
동작 사항		주어진 회로와 일치하여 전동기가 회전하는가?	20
실습 태도	실습 준비	공구 및 실습 준비는 철저한가?	10
	재료 사용	실습 재료의 사용은 경제적인가?	10
	문제 해결	발생한 문제의 해결에 적극적이며 방법은 바람직한가?	10
실습 시간		정해진 시간 이내에 작업하였는가?	10
합계			100

실험·실습 과제 (9)

실습 번호	1-8	실습 과제명	단상 2극 셰이딩 코일형 유도 전동기 제작	소요 시간	3시간

학번 (   ) 이름 (   )

❑ 실습 목적

• 단상 2극 셰이딩 코일형 유도 전동기의 코일 배치도 및 결선도를 해석할 수 있다.
• 코일 배치도 및 결선도에 따라 전동기를 제작할 수 있다.

❑ 실험·실습 기자재 활용

번호	기자재명 및 공구명	규격	수량	비고
1	전기 기기 실습 장비	SNET-E100	1	
2				
3				

❑ 실험·실습 소요 재료 내역

번호	재료명	규격	수량	번호	재료명	규격	수량
1	고정자	24슬롯	1	7	절연 튜브	ϕ2mm	1m
2	코일	ϕ0.3mm	1.6kg	8	절연 튜브	ϕ5mm	0.5m
3	파이버지	0.8t×200×250mm	1장	9	호밍사	ϕ2mm	5m
4	절연지	0.25t×200×1000mm	1장	10	리드선	30/0.18mm×1C	2m
5	절연지	0.12t×200×1000mm	1장	11	실납	ϕ1mmSN60%	1m
6	사포	180	1장				

❑ 조작 사항(코일 배치)

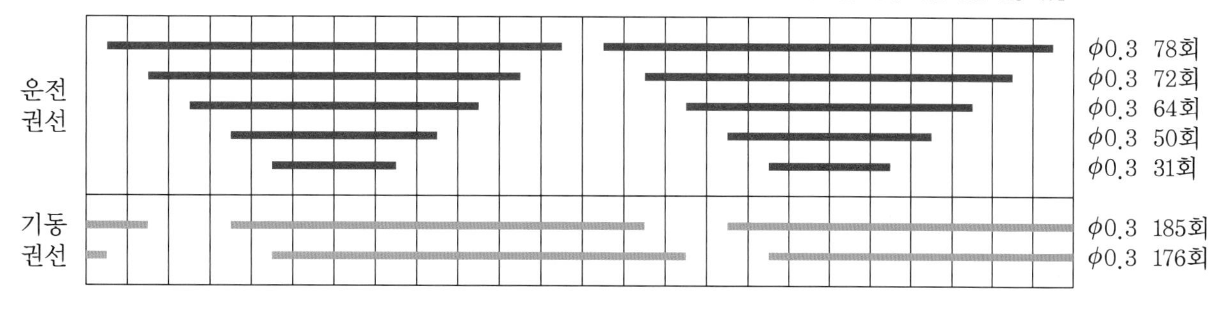

❏ 시퀀스도 (코일 결선)

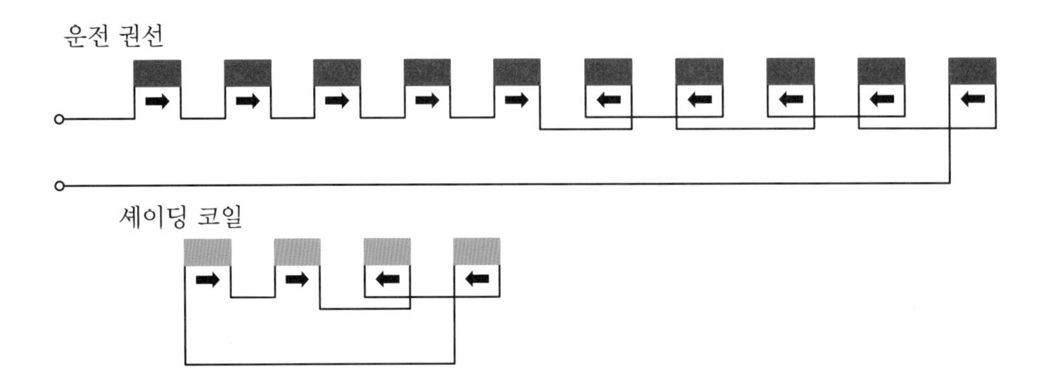

셰이딩 코일형 유도 전동기는 별도의 기동 장치가 없이 자체의 셰이딩 코일에 의하여 기동력을 얻는다. 그러나 이 전동기는 토크가 크지 못하기 때문에 소형 전동기에 이용한다.

❏ 회로도 (코일 삽입)

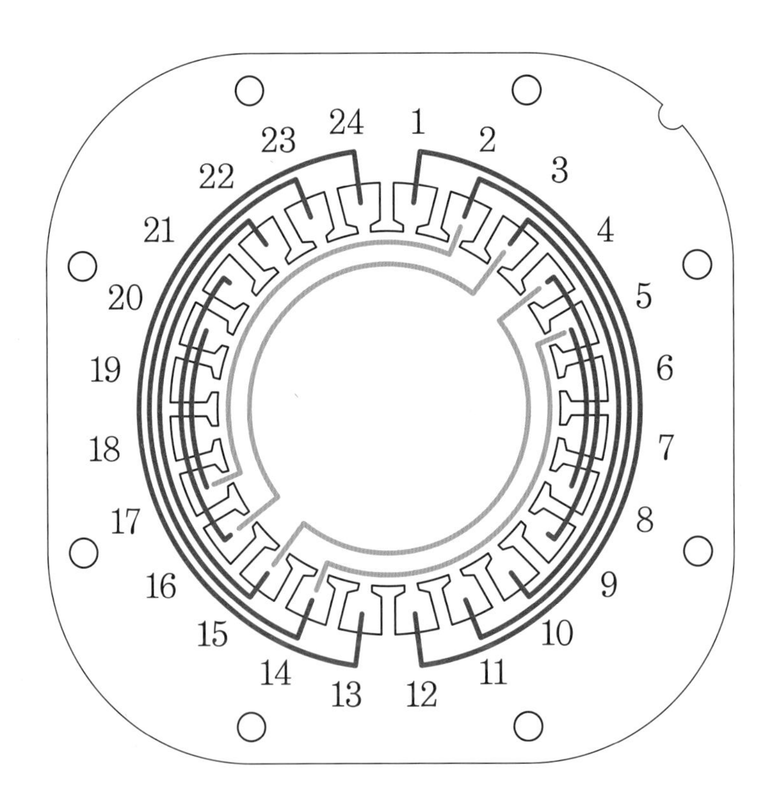

❑ 지시 사항 및 안전 사항

1. 슬롯 절연은 0.25mm 절연지를 사용하였고, 턱받이의 길이가 2~5mm 이내로 한다.
2. 파이버지로 쐐기를 삽입하고, 긴 것과 짧은 것의 차가 1mm 이내로 한다.
3. 0.13mm 절연지를 사용하여 코일 상호간을 분리되도록 층간 절연 및 상간 절연한다.
4. 코일 가닥이 교차됨이 없이 삽입하고, 구부러짐이 없이 삽입되도록 한다.
5. 리드선을 300mm 정도 인출하고, 리드선의 끝 피복을 최소 10~30mm 벗긴다.

❑ 평가 요목

평가 영역		세부 평가 내용	배점
회로 해석		주어진 과제의 코일 결선 회로 해석은 바른가?	10
요소 작업	코일 절연	절연지의 외형과 절연 방법은 바른가?	10
	코일 삽입	가지런히 코일을 삽입하고 파이버지를 끼웠는가?	10
	코일 묶기	리드선 및 코일은 호밍사로 가지런히 묶었는가?	10
동작 사항		주어진 회로와 일치하여 전동기가 회전하는가?	20
실습 태도	실습 준비	공구 및 실습 준비는 철저한가?	10
	재료 사용	실습 재료의 사용은 경제적인가?	10
	문제 해결	발생한 문제의 해결에 적극적이며 방법은 바람직한가?	10
실습 시간		정해진 시간 이내에 작업하였는가?	10
합계			100

실험·실습 과제 (10)

실습 번호	2-1	실습 과제명	단상 4극 110/220[V] 겸용 유도 전동기 제작	소요 시간	3시간

학번 (   ) 이름 (   )

❑ 실습 목적

- 단상 4극 110/220[V] 겸용 유도 전동기의 코일 배치도 및 결선도를 해석할 수 있다.
- 코일 배치도 및 결선도에 따라 전동기를 제작할 수 있다.

❑ 실험·실습 기자재 활용

번호	기자재명 및 공구명	규격	수량	비고
1	전기 기기 실습 장비	SNET-E100	1	
2				
3				

❑ 실험·실습 소요 재료 내역

번호	재료명	규격	수량	번호	재료명	규격	수량
1	고정자	24슬롯	1	7	절연 튜브	ϕ2mm	1m
2	코일	ϕ0.3mm	1.6kg	8	절연 튜브	ϕ5mm	0.5m
3	파이버지	0.8t×200×250mm	1장	9	호밍사	ϕ2mm	5m
4	절연지	0.25t×200×1000mm	1장	10	리드선	30/0.18mm×1C	2m
5	절연지	0.12t×200×1000mm	1장	11	실납	ϕ1mmSN60%	1m
6	사포	180	1장				

❑ 조작 사항(코일 배치)

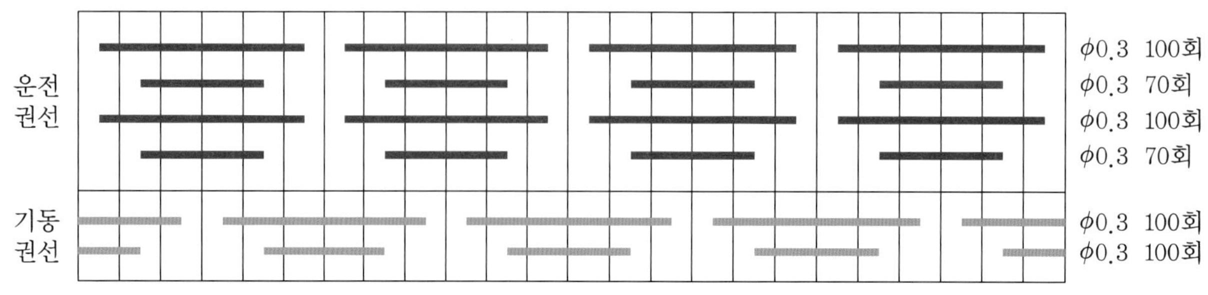

❑ 시퀀스도 (코일 결선)

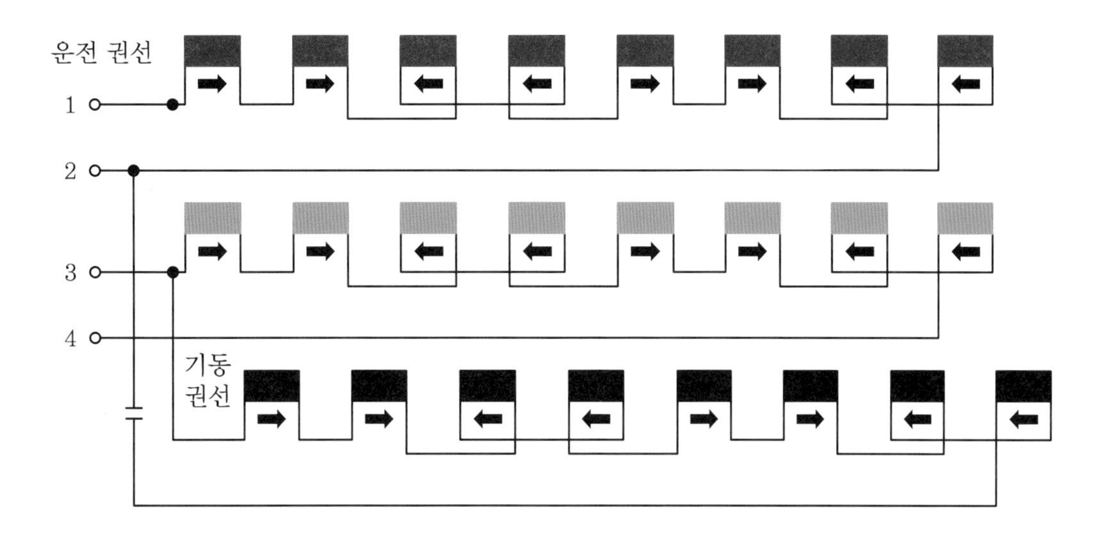

1번과 2번을 결선하고 2번과 4번을 결선하면 110[V]용이며, 2번과 3번을 결선하고 1번과 4번을 전원으로 이용하면 220[V]용이다.

❑ 회로도 (코일 삽입)

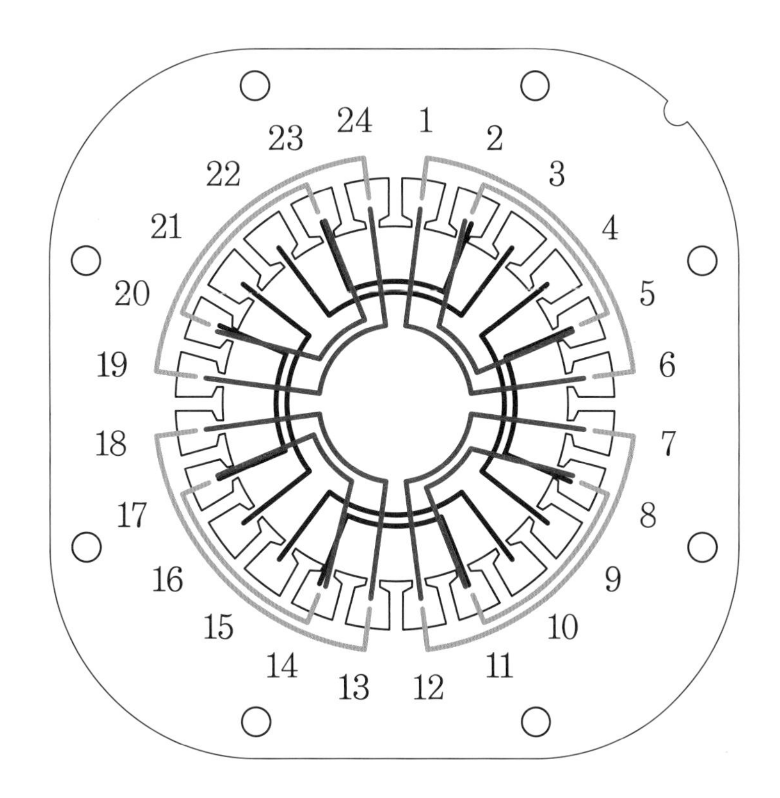

❑ 지시 사항 및 안전 사항

1. 슬롯 절연은 0.25mm 절연지를 사용하였고, 턱받이의 길이가 2~5mm 이내로 한다.
2. 파이버지로 쐐기를 삽입하고, 긴 것과 짧은 것의 차가 1mm 이내로 한다.
3. 0.13mm 절연지를 사용하여 코일 상호간을 분리되도록 층간 절연 및 상간 절연한다.
4. 코일 가닥이 교차됨이 없이 삽입하고, 구부러짐이 없이 삽입되도록 한다.
5. 리드선을 300mm 정도 인출하고, 리드선의 끝 피복을 최소 10~30mm 벗긴다.

❑ 평가 요목

평가 영역		세부 평가 내용	배점
회로 해석		주어진 과제의 코일 결선 회로 해석은 바른가?	10
요소 작업	코일 절연	절연지의 외형과 절연 방법은 바른가?	10
	코일 삽입	가지런히 코일을 삽입하고 파이버지를 끼웠는가?	10
	코일 묶기	리드선 및 코일은 호밍사로 가지런히 묶었는가?	10
동작 사항		주어진 회로와 일치하여 전동기가 회전하는가?	20
실습 태도	실습 준비	공구 및 실습 준비는 철저한가?	10
	재료 사용	실습 재료의 사용은 경제적인가?	10
	문제 해결	발생한 문제의 해결에 적극적이며 방법은 바람직한가?	10
실습 시간		정해진 시간 이내에 작업하였는가?	10
합계			100

실험·실습 과제 (11)

실습 번호	2-2	실습 과제명	단상 4극 110/220[V] 겸용 유도 전동기 제작	소요 시간	3시간

학번 (　　　　　) 이름 (　　　　　　　)

❑ 실습 목적

- 단상 4극 110/220[V] 겸용 유도 전동기의 코일 배치도 및 결선도를 해석할 수 있다.
- 코일 배치도 및 결선도에 따라 전동기를 제작할 수 있다.

❑ 실험·실습 기자재 활용

번호	기자재명 및 공구명	규격	수량	비고
1	전기 기기 실습 장비	SNET-E100	1	
2				
3				

❑ 실험·실습 소요 재료 내역

번호	재료명	규격	수량	번호	재료명	규격	수량
1	고정자	24슬롯	1	7	절연 튜브	ϕ2mm	1m
2	코일	ϕ0.3mm	1.6kg	8	절연 튜브	ϕ5mm	0.5m
3	파이버지	0.8t×200×250mm	1장	9	호밍사	ϕ2mm	5m
4	절연지	0.25t×200×1000mm	1장	10	리드선	30/0.18mm×1C	2m
5	절연지	0.12t×200×1000mm	1장	11	실납	ϕ1mmSN60%	1m
6	사포	180	1장				

❑ 조작 사항(코일 배치)

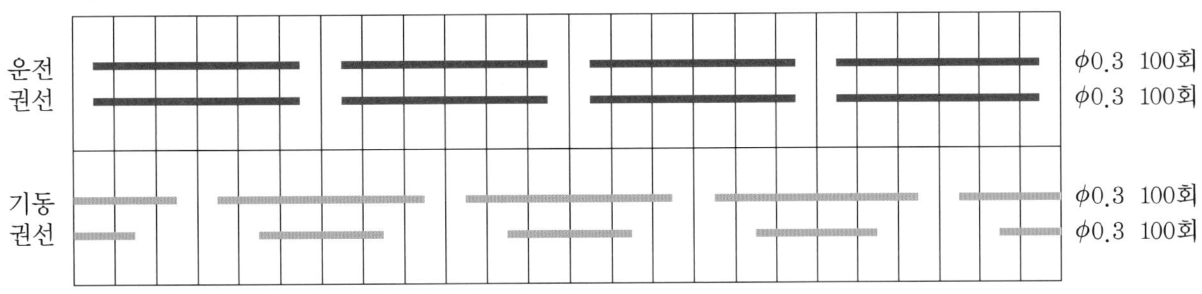

❑ 시퀀스도 (코일 결선)

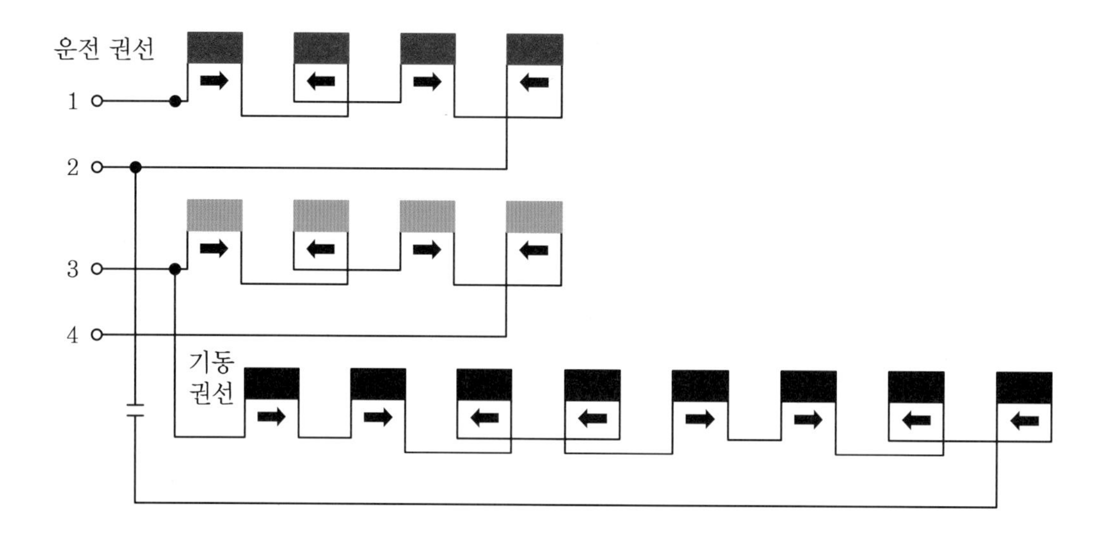

1번과 2번을 결선하고 2번과 4번을 결선하면 110[V]용이며, 2번과 3번을 결선하고 1번과 4번을 전원으로 이용하면 220[V]용이다.

❑ 회로도 (코일 삽입)

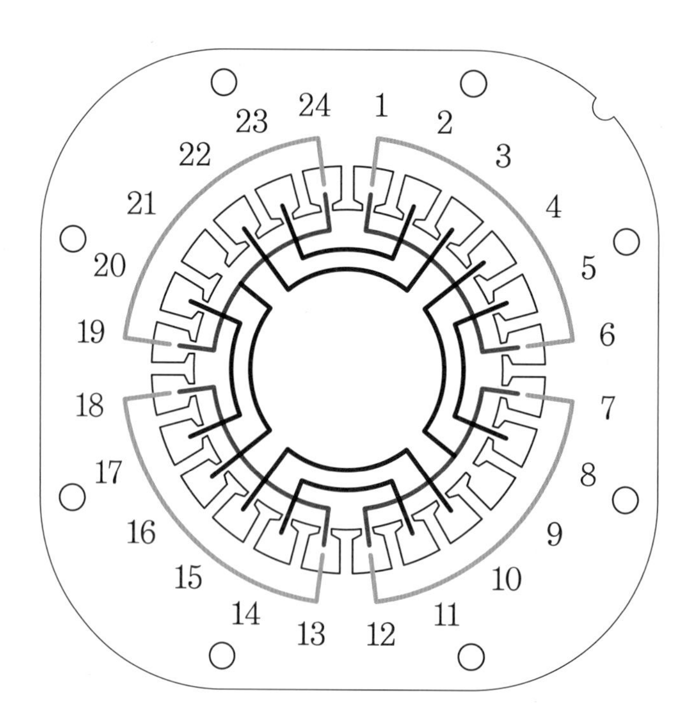

❑ 지시 사항 및 안전 사항

1. 슬롯 절연은 0.25mm 절연지를 사용하였고, 턱받이의 길이가 2~5mm 이내로 한다.
2. 파이버지로 쐐기를 삽입하고, 긴 것과 짧은 것의 차가 1mm 이내로 한다.
3. 0.13mm 절연지를 사용하여 코일 상호간을 분리되도록 층간 절연 및 상간 절연한다.
4. 코일 가닥이 교차됨이 없이 삽입하고 구부러짐이 없이 삽입되도록 한다.

❑ 평가 요목

평가 영역		세부 평가 내용	배점
회로 해석		주어진 과제의 코일 결선 회로 해석은 바른가?	10
요소 작업	코일 절연	절연지의 외형과 절연 방법은 바른가?	10
	코일 삽입	가지런히 코일을 삽입하고 파이버지를 끼웠는가?	10
	코일 묶기	리드선 및 코일은 호밍사로 가지런히 묶었는가?	10
동작 사항		주어진 회로와 일치하여 전동기가 회전하는가?	20
실습 태도	실습 준비	공구 및 실습 준비는 철저한가?	10
	재료 사용	실습 재료의 사용은 경제적인가?	10
	문제 해결	발생한 문제의 해결에 적극적이며 방법은 바람직한가?	10
실습 시간		정해진 시간 이내에 작업하였는가?	10
합계			100

실험·실습 과제 (12)

실습 번호	3-1	실습 과제명	3상 2극 유도 전동기 제작	소요 시간	3시간

학번 (   ) 이름 (   )

❑ 실습 목적

- 3상 2극 유도 전동기의 코일 배치도 및 결선도를 해석할 수 있다.
- 코일 배치도 및 결선도에 따라 전동기를 제작할 수 있다.

❑ 실험·실습 기자재 활용

번호	기자재명 및 공구명	규격	수량	비고
1	전기 기기 실습 장비	SNET-E100	1	
2				
3				

❑ 실험·실습 소요 재료 내역

번호	재료명	규격	수량	번호	재료명	규격	수량
1	고정자	24슬롯	1	7	절연 튜브	ϕ2mm	1m
2	코일	ϕ0.3mm	1.6kg	8	절연 튜브	ϕ5mm	0.5m
3	파이버지	0.8t×200×250mm	1장	9	호밍사	ϕ2mm	5m
4	절연지	0.25t×200×1000mm	1장	10	리드선	30/0.18mm×1C	2m
5	절연지	0.12t×200×1000mm	1장	11	실납	ϕ1mmSN60%	1m
6	사포	180	1장				

❑ 조작 사항(코일 배치)

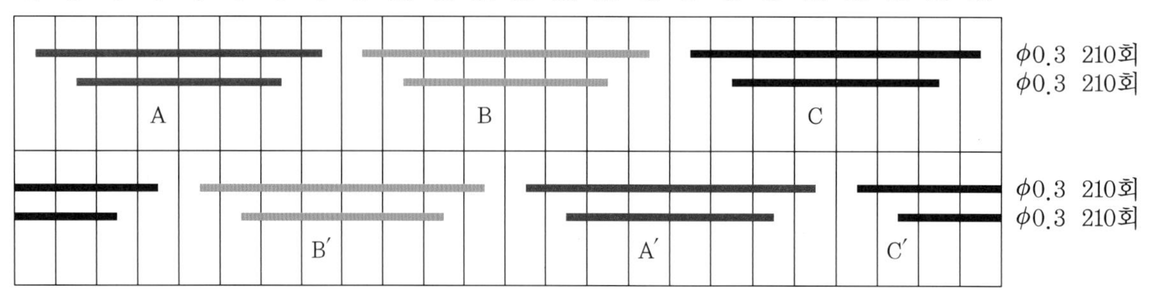

❑ 시퀀스도 (코일 결선)

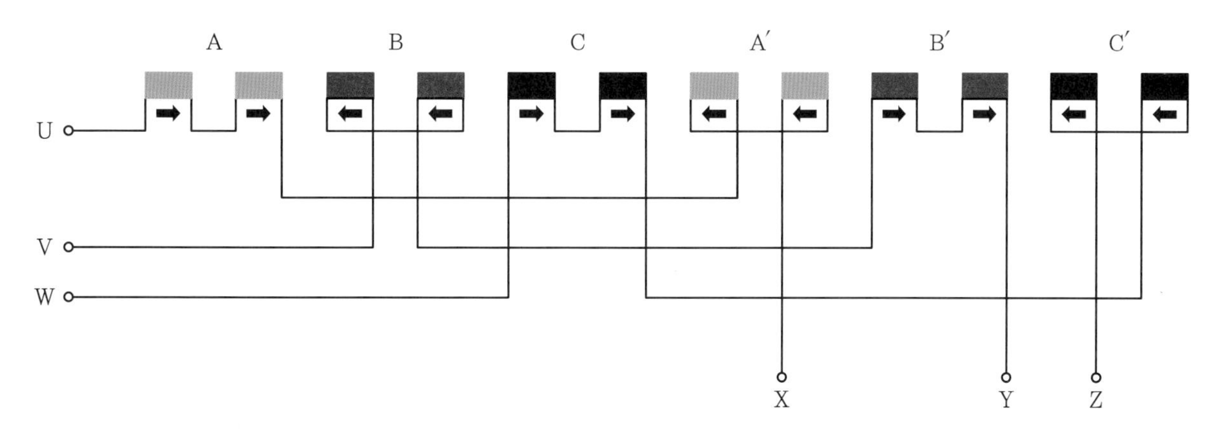

Y결선은 X, Y, Z 단자를 결선하고 U, V, W 단자에 전원을 넣으며, Δ결선은 U-Y, V-Z, W-X 단자를 결선한다.

❑ 회로도 (코일 삽입)

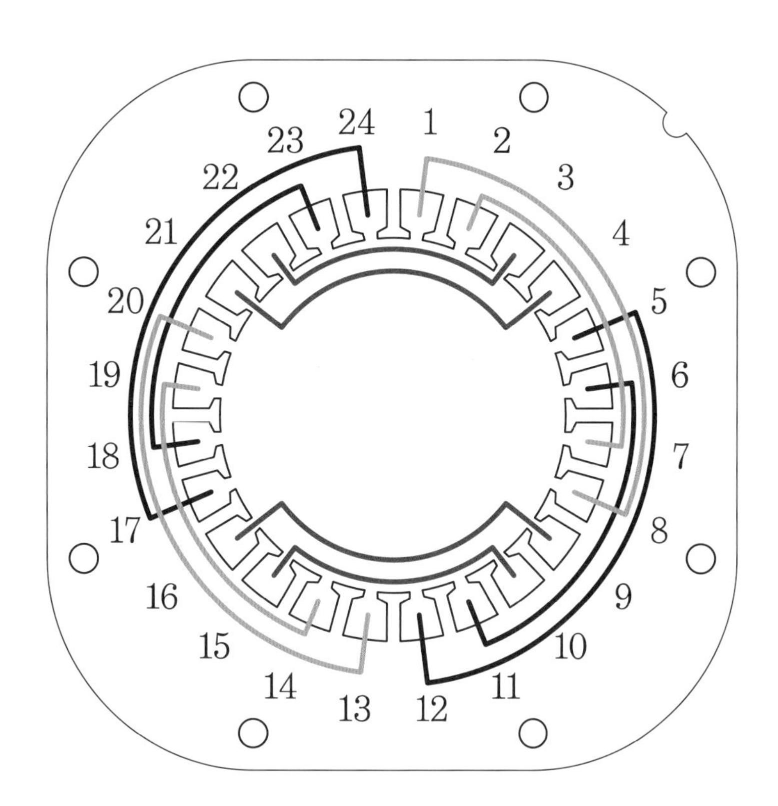

❑ 지시 사항 및 안전 사항

1. 슬롯 절연은 0.25mm 절연지를 사용하였고, 턱받이의 길이가 2~5mm 이내로 한다.
2. 파이버지로 쐐기를 삽입하고, 긴 것과 짧은 것의 차가 1mm 이내로 한다.
3. 0.13mm 절연지를 사용하여 코일 상호간을 분리되도록 층간 절연 및 상간 절연한다.
4. 코일 가닥이 교차됨이 없이 삽입하고, 구부러짐이 없이 삽입되도록 한다.
5. 리드선을 300mm 정도 인출하고 리드선의 끝 피복을 최소 10~30mm 벗긴다.
6. 접속점에 모두 납땜을 하고, 굵기에 따라 절연 튜브를 사용한다.
7. 철심으로부터 코일 단부의 높이가 30mm 이내가 되도록 한다.

❑ 평가 요목

평가 영역		세부 평가 내용	배점
회로 해석		주어진 과제의 코일 결선 회로 해석은 바른가?	10
요소 작업	코일 절연	절연지의 외형과 절연 방법은 바른가?	10
	코일 삽입	가지런히 코일을 삽입하고 파이버지를 끼웠는가?	10
	코일 묶기	리드선 및 코일은 호밍사로 가지런히 묶었는가?	10
동작 사항		주어진 회로와 일치하여 전동기가 회전하는가?	20
실습 태도	실습 준비	공구 및 실습 준비는 철저한가?	10
	재료 사용	실습 재료의 사용은 경제적인가?	10
	문제 해결	발생한 문제의 해결에 적극적이며 방법은 바람직한가?	10
실습 시간		정해진 시간 이내에 작업하였는가?	10
합계			100

실험·실습 과제 (13)

실습 번호	3-2	실습 과제명	3상 2극 유도 전동기 제작	소요 시간	3시간

학번 ( ) 이름 ( )

❑ 실습 목적

- 3상 2극 유도 전동기의 코일 배치도 및 결선도를 해석할 수 있다.
- 코일 배치도 및 결선도에 따라 전동기를 제작할 수 있다.

❑ 실험·실습 기자재 활용

번호	기자재명 및 공구명	규격	수량	비고
1	전기 기기 실습 장비	SNET-E100	1	
2				
3				

❑ 실험·실습 소요 재료 내역

번호	재료명	규격	수량	번호	재료명	규격	수량
1	고정자	24슬롯	1	7	절연 튜브	ϕ2mm	1m
2	코일	ϕ0.3mm	1.6kg	8	절연 튜브	ϕ5mm	0.5m
3	파이버지	0.8t×200×250mm	1장	9	호밍사	ϕ2mm	5m
4	절연지	0.25t×200×1000mm	1장	10	리드선	30/0.18mm×1C	2m
5	절연지	0.12t×200×1000mm	1장	11	실납	ϕ1mmSN60%	1m
6	사포	180	1장				

❑ 조작 사항 (코일 배치)

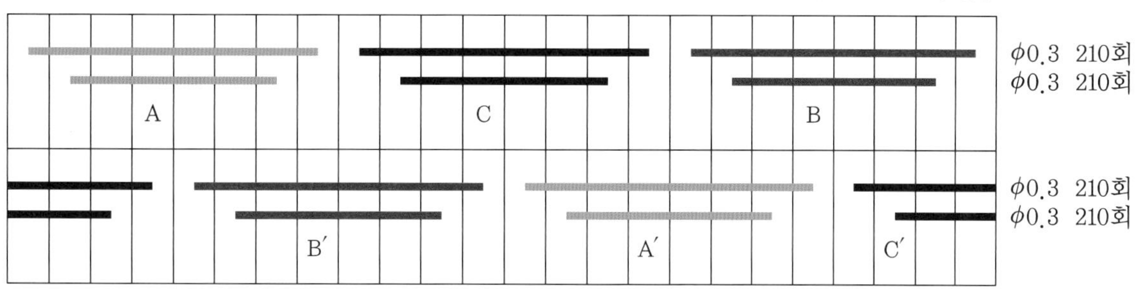

□ 시퀀스도 (코일 결선)

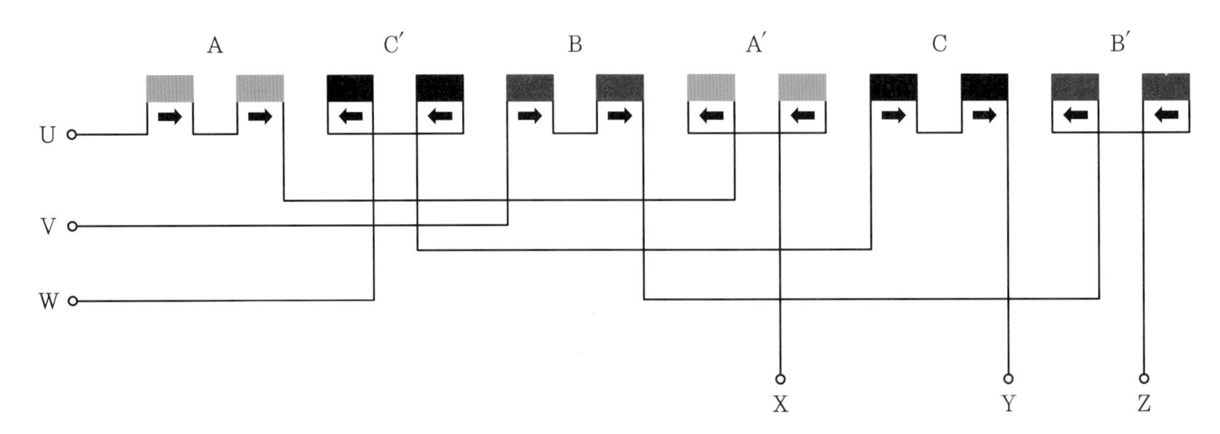

Y결선은 X, Y, Z 단자를 결선하고 U, V, W 단자에 전원을 넣으며, Δ결선은 U-Y, V-Z, W-X 단자를 결선한다.

□ 회로도 (코일 삽입)

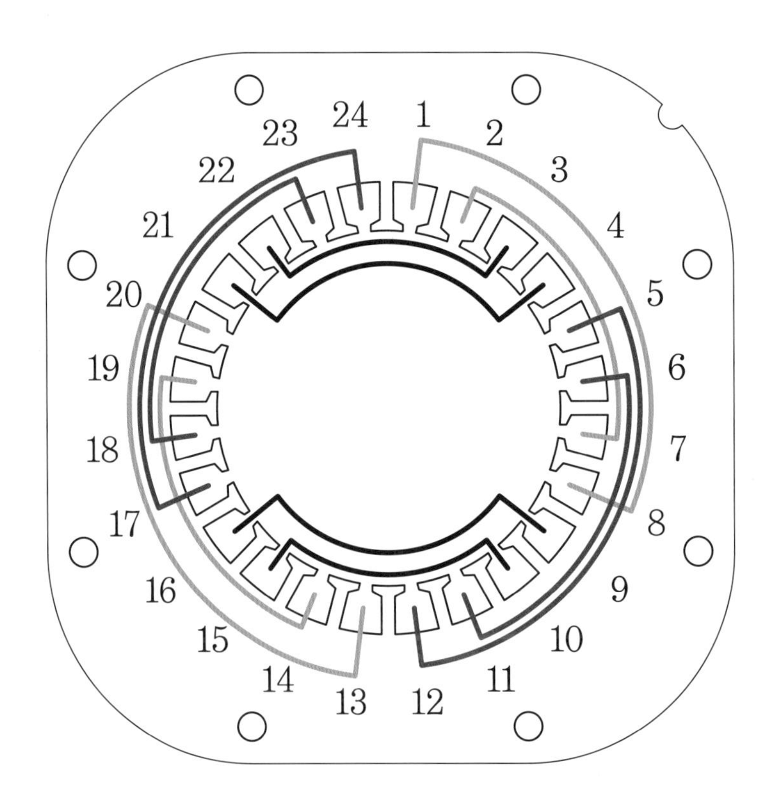

❑ 지시 사항 및 안전 사항

1. 슬롯 절연은 0.25mm 절연지를 사용하였고, 턱받이의 길이가 2~5mm 이내로 한다.
2. 파이버지로 쐐기를 삽입하고, 긴 것과 짧은 것의 차가 1mm 이내로 한다.
3. 0.13mm 절연지를 사용하여 코일 상호간을 분리되도록 층간 절연 및 상간 절연한다.
4. 코일 가닥이 교차됨이 없이 삽입하고, 구부러짐이 없이 삽입되도록 한다.
5. 리드선을 300mm 정도 인출하고, 리드선의 끝 피복을 최소 10~30mm 벗긴다.
6. 접속점에 모두 납땜을 하고, 굵기에 따라 절연 튜브를 사용한다.
7. 철심으로부터 코일 단부의 높이가 30mm 이내가 되도록 한다.
8. 성형하여 철심의 내부나 외부 쪽에서 코일이 보이지 않도록 견고하게 성형한다.

❑ 평가 요목

평가 영역		세부 평가 내용	배점
회로 해석		주어진 과제의 코일 결선 회로 해석은 바른가?	10
요소 작업	코일 절연	절연지의 외형과 절연 방법은 바른가?	10
	코일 삽입	가지런히 코일을 삽입하고 파이버지를 끼웠는가?	10
	코일 묶기	리드선 및 코일은 호밍사로 가지런히 묶었는가?	10
동작 사항		주어진 회로와 일치하여 전동기가 회전하는가?	20
실습 태도	실습 준비	공구 및 실습 준비는 철저한가?	10
	재료 사용	실습 재료의 사용은 경제적인가?	10
	문제 해결	발생한 문제의 해결에 적극적이며 방법은 바람직한가?	10
실습 시간		정해진 시간 이내에 작업하였는가?	10
합계			100

실험·실습 과제 (14)

실습 번호	3-3	실습 과제명	3상 2극 성형 내권 유도 전동기 제작	소요 시간	3시간

학번 (   ) 이름 (   )

❏ 실습 목적

• 3상 2극 성형 내권 유도 전동기의 코일 배치도 및 결선도를 해석할 수 있다.
• 코일 배치도 및 결선도에 따라 전동기를 제작할 수 있다.

❏ 실험·실습 기자재 활용

번호	기자재명 및 공구명	규격	수량	비고
1	전기 기기 실습 장비	SNET-E100	1	
2				
3				

❏ 실험·실습 소요 재료 내역

번호	재료명	규격	수량	번호	재료명	규격	수량
1	고정자	36슬롯	1	7	절연 튜브	ϕ2mm	1m
2	코일	ϕ0.5mm	1.6kg	8	절연 튜브	ϕ5mm	0.5m
3	파이버지	0.8t×200×250mm	1장	9	호밍사	ϕ2mm	5m
4	절연지	0.25t×200×1000mm	1장	10	리드선	30/0.18mm×1C	2m
5	절연지	0.12t×200×1000mm	1장	11	실납	ϕ1mmSN60%	1m
6	사포	180	1장				

❏ 조작 사항(코일 배치)

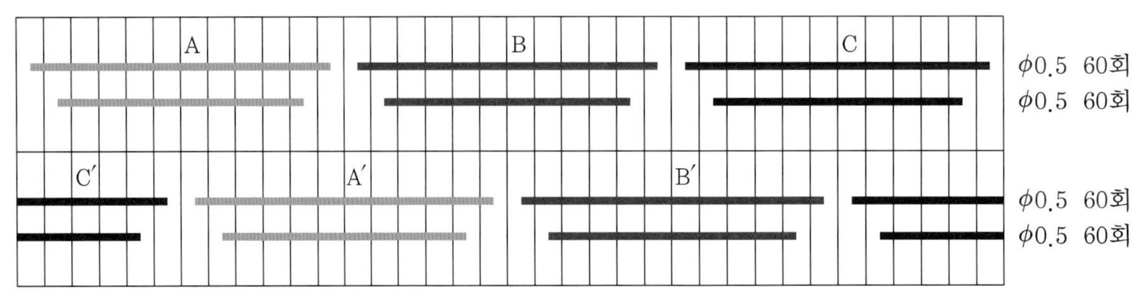

❑ 시퀀스도 (코일 결선)

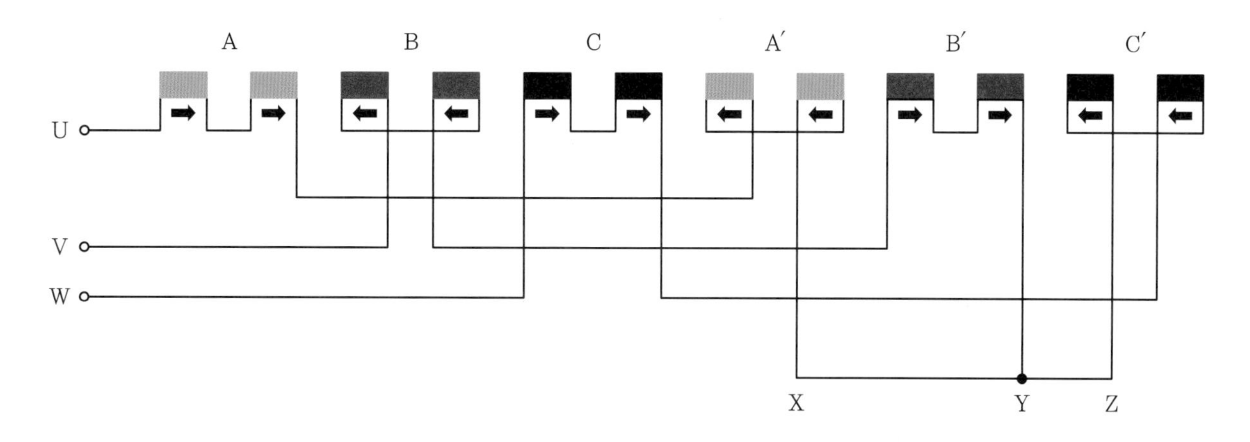

❑ 회로도 (코일 삽입)

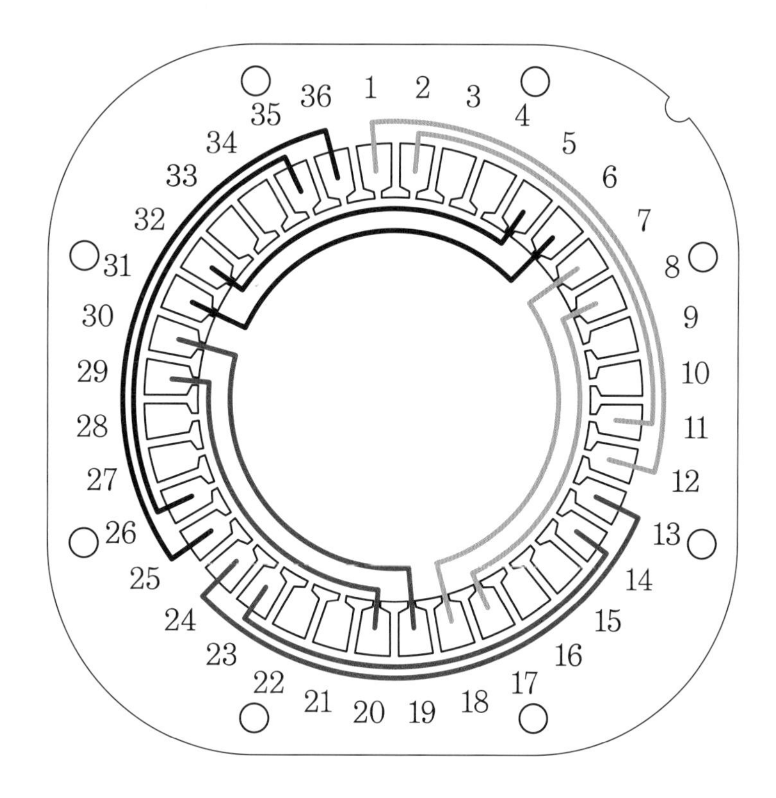

❑ 지시 사항 및 안전 사항

1. 슬롯 절연은 0.25mm 절연지를 사용하였고, 턱받이의 길이가 2~5mm 이내로 한다.
2. 파이버지로 쐐기를 삽입하고, 긴 것과 짧은 것의 차가 1mm 이내로 한다.
3. 0.13mm 절연지를 사용하여 코일 상호간을 분리되도록 층간 절연 및 상간 절연한다.
4. 코일 가닥이 교차됨이 없이 삽입하고, 구부러짐이 없이 삽입되도록 한다.
5. 리드선을 300mm 정도 인출하고, 리드선의 끝 피복을 최소 10~30mm 벗긴다.
6. 접속점에 모두 납땜을 하고 굵기에 따라 절연 튜브를 사용한다.
7. 철심으로부터 코일 단부의 높이가 30mm 이내가 되도록 한다.

❑ 평가 요목

평가 영역		세부 평가 내용	배점
회로 해석		주어진 과제의 코일 결선 회로 해석은 바른가?	10
요소 작업	코일 절연	절연지의 외형과 절연 방법은 바른가?	10
	코일 삽입	가지런히 코일을 삽입하고 파이버지를 끼웠는가?	10
	코일 묶기	리드선 및 코일은 호밍사로 가지런히 묶었는가?	10
동작 사항		주어진 회로와 일치하여 전동기가 회전하는가?	20
실습 태도	실습 준비	공구 및 실습 준비는 철저한가?	10
	재료 사용	실습 재료의 사용은 경제적인가?	10
	문제 해결	발생한 문제의 해결에 적극적이며 방법은 바람직한가?	10
실습 시간		정해진 시간 이내에 작업하였는가?	10
합계			100

실험·실습 과제 (15)

실습 번호	3-4	실습 과제명	3상 2극 성형 내권 유도 전동기 제작	소요 시간	3시간

학번 (　　　　　　) 이름 (　　　　　　　　)

❑ 실습 목적

- 3상 2극 성형 내권 유도 전동기의 코일 배치도 및 결선도를 해석할 수 있다.
- 코일 배치도 및 결선도에 따라 전동기를 제작할 수 있다.

❑ 실험·실습 기자재 활용

번호	기자재명 및 공구명	규격	수량	비고
1	전기 기기 실습 장비	SNET-E100	1	
2				
3				

❑ 실험·실습 소요 재료 내역

번호	재료명	규격	수량	번호	재료명	규격	수량
1	고정자	24슬롯	1	7	절연 튜브	ϕ2mm	1m
2	코일	ϕ0.3mm	1.6kg	8	절연 튜브	ϕ5mm	0.5m
3	파이버지	0.8t×200×250mm	1장	9	호밍사	ϕ2mm	5m
4	절연지	0.25t×200×1000mm	1장	10	리드선	30/0.18mm×1C	2m
5	절연지	0.12t×200×1000mm	1장	11	실납	ϕ1mmSN60%	1m
6	사포	180	1장				

❑ 조작 사항(코일 배치)

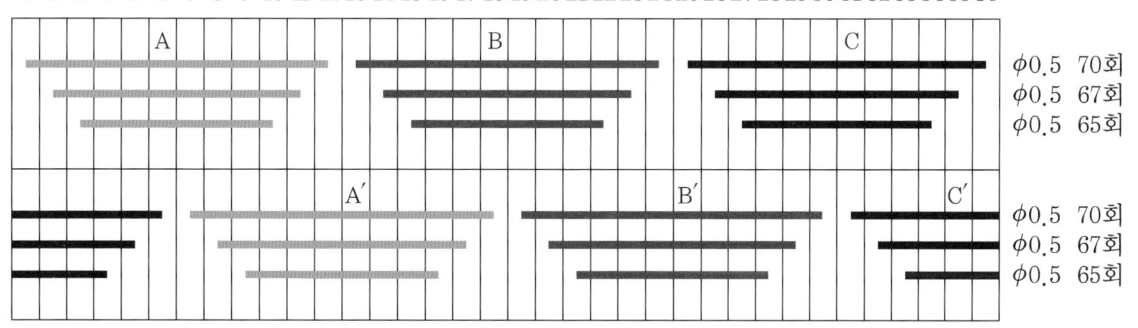

❏ 시퀀스도 (코일 결선)

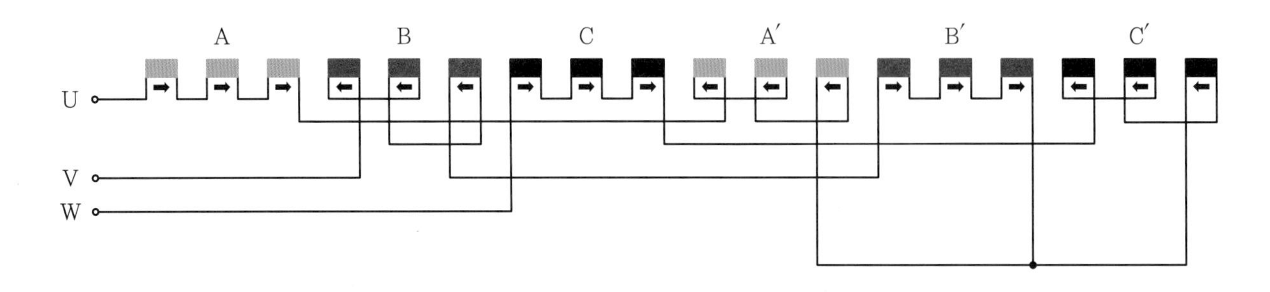

❏ 회로도 (코일 삽입)

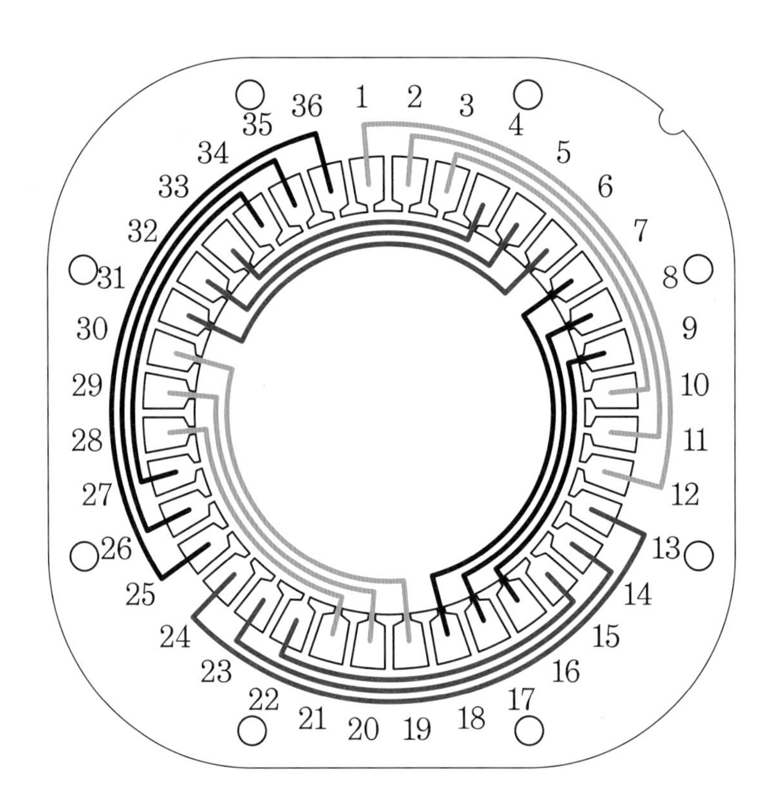

❏ 지시 사항 및 안전 사항

1. 슬롯 절연은 0.25mm 절연지를 사용하였고, 턱받이의 길이가 2~5mm 이내로 한다.
2. 파이버지로 쐐기를 삽입하고, 긴 것과 짧은 것의 차가 1mm 이내로 한다.
3. 0.13mm 절연지를 사용하여 코일 상호간을 분리되도록 층간 절연 및 상간 절연한다.
4. 코일 가닥이 교차됨이 없이 삽입하고, 구부러짐이 없이 삽입되도록 한다.
5. 리드선을 300mm 정도 인출하고, 리드선의 끝 피복을 최소 10~30mm 벗긴다.
6. 접속점에 모두 납땜을 하고, 굵기에 따라 절연 튜브를 사용한다.
7. 철심으로부터 코일 단부의 높이가 30mm 이내가 되도록 한다.

❏ 평가 요목

평가 영역		세부 평가 내용	배점
회로 해석		주어진 과제의 코일 결선 회로 해석은 바른가?	10
요소 작업	코일 절연	절연지의 외형과 절연 방법은 바른가?	10
	코일 삽입	가지런히 코일을 삽입하고 파이버지를 끼웠는가?	10
	코일 묶기	리드선 및 코일은 호밍사로 가지런히 묶었는가?	10
동작 사항		주어진 회로와 일치하여 전동기가 회전하는가?	20
실습 태도	실습 준비	공구 및 실습 준비는 철저한가?	10
	재료 사용	실습 재료의 사용은 경제적인가?	10
	문제 해결	발생한 문제의 해결에 적극적이며 방법은 바람직한가?	10
실습 시간		정해진 시간 이내에 작업하였는가?	10
합계			100

실험 · 실습 과제 (16)

실습 번호	4-1	실습 과제명	3상 4극 성형 내권 유도 전동기 제작	소요 시간	3시간

학번 ( ) 이름 ( )

❑ 실습 목적

- 3상 4극 성형 내권 유도 전동기의 코일 배치도 및 결선도를 해석할 수 있다.
- 코일 배치도 및 결선도에 따라 전동기를 제작할 수 있다.

❑ 실험 · 실습 기자재 활용

번호	기자재명 및 공구명	규격	수량	비고
1	전기 기기 실습 장비	SNET-E100	1	
2				
3				

❑ 실험 · 실습 소요 재료 내역

번호	재료명	규격	수량	번호	재료명	규격	수량
1	고정자	24슬롯	1	7	절연 튜브	φ2mm	1m
2	코일	φ0.3mm	1.6kg	8	절연 튜브	φ5mm	0.5m
3	파이버지	0.8t×200×250mm	1장	9	호밍사	φ2mm	5m
4	절연지	0.25t×200×1000mm	1장	10	리드선	30/0.18mm×1C	2m
5	절연지	0.12t×200×1000mm	1장	11	실납	φ1mmSN60%	1m
6	사포	180	1장				

❑ 조작 사항(코일 배치)

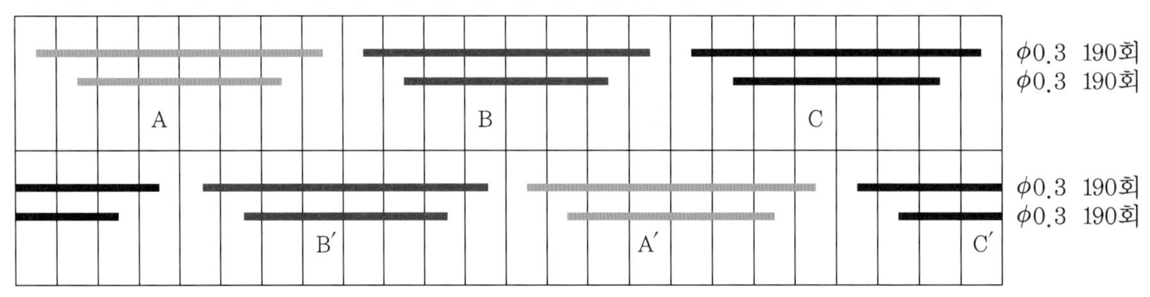

□ 시퀀스도(코일 결선)

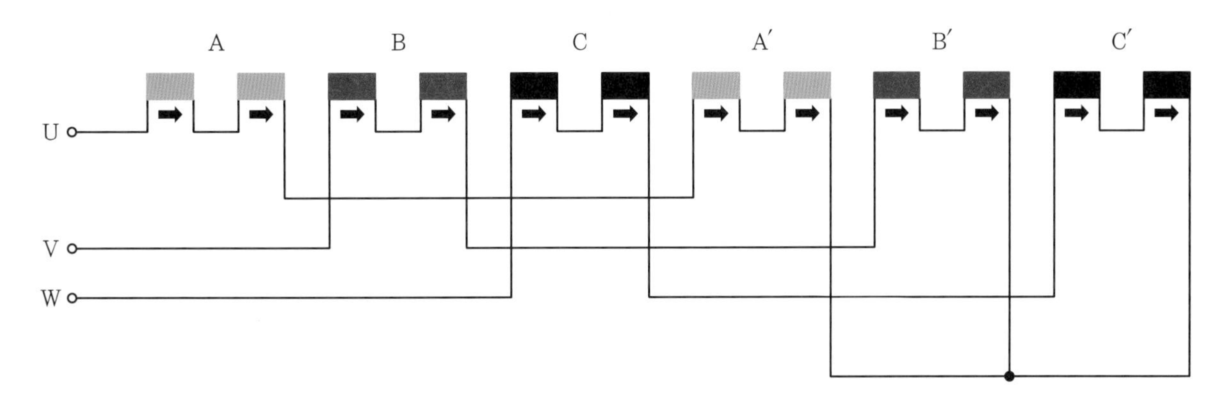

이 전동기는 3상 2극 유도 전동기와 외형은 유사하나 코일의 극성이 동극성이다. 동극성일 때에는 극수가 보통 2배수이다.

□ 회로도(코일 삽입)

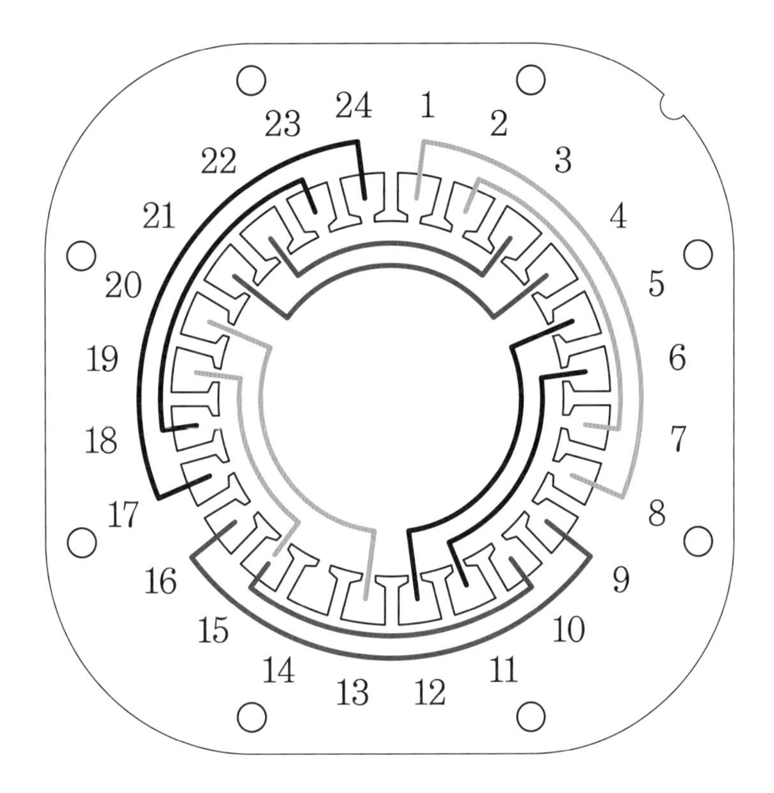

❑ 지시 사항 및 안전 사항

1. 슬롯 절연은 0.25mm 절연지를 사용하였고, 턱받이의 길이가 2~5mm 이내로 한다.
2. 파이버지로 쐐기를 삽입하고, 긴 것과 짧은 것의 차가 1mm 이내로 한다.
3. 0.13mm 절연지를 사용하여 코일 상호간을 분리되도록 층간 절연 및 상간 절연한다.
4. 코일 가닥이 교차됨이 없이 삽입하고, 구부러짐이 없이 삽입되도록 한다.
5. 리드선을 300mm 정도 인출하고, 리드선의 끝 피복을 최소 10~30mm 벗긴다.
6. 접속점에 모두 납땜을 하고 굵기에 따라 절연 튜브를 사용한다.
7. 철심으로부터 코일 단부의 높이가 30mm 이내가 되도록 한다.
8. 성형하여 철심의 내부나 외부 쪽에서 코일이 보이지 않도록 견고하게 성형한다.

❑ 평가 요목

평가 영역		세부 평가 내용	배점
회로 해석		주어진 과제의 코일 결선 회로 해석은 바른가?	10
요소 작업	코일 절연	절연지의 외형과 절연 방법은 바른가?	10
	코일 삽입	가지런히 코일을 삽입하고 파이버지를 끼웠는가?	10
	코일 묶기	리드선 및 코일은 호밍사로 가지런히 묶었는가?	10
동작 사항		주어진 회로와 일치하여 전동기가 회전하는가?	20
실습 태도	실습 준비	공구 및 실습 준비는 철저한가?	10
	재료 사용	실습 재료의 사용은 경제적인가?	10
	문제 해결	발생한 문제의 해결에 적극적이며 방법은 바람직한가?	10
실습 시간		정해진 시간 이내에 작업하였는가?	10
합계			100

실험·실습 과제 (17)

실습 번호	4-2	실습 과제명	3상 4극 유도 전동기 제작	소요 시간	3시간

학번 ( ) 이름 ( )

❑ 실습 목적

- 3상 4극 유도 전동기의 코일 배치도 및 결선도를 해석할 수 있다.
- 코일 배치도 및 결선도에 따라 전동기를 제작할 수 있다.

❑ 실험·실습 기자재 활용

번호	기자재명 및 공구명	규격	수량	비고
1	전기 기기 실습 장비	SNET-E100	1	
2				
3				

❑ 실험·실습 소요 재료 내역

번호	재료명	규격	수량	번호	재료명	규격	수량
1	고정자	24슬롯	1	7	절연 튜브	ϕ2mm	1m
2	코일	ϕ0.5/0.35mm	1.6kg	8	절연 튜브	ϕ5mm	0.5m
3	파이버지	0.8t×200×250mm	1장	9	호밍사	ϕ2mm	5m
4	절연지	0.25t×200×1000mm	1장	10	리드선	30/0.18mm×1C	2m
5	절연지	0.12t×200×1000mm	1장	11	실납	ϕ1mmSN60%	1m
6	사포	180	1장				

❑ 조작 사항(코일 배치) – ϕ0.5 50회

상층 코일	20	21	22	23	24	1	2	3	4	5	6	7	8	9	10	11	12	13	14	15	16	17	18	19
하층 코일	1	2	3	4	5	6	7	8	9	10	11	12	13	14	15	16	17	18	19	20	21	22	23	24
극당 상수	A1		B1		C1		A2		B2		C2		A3		B3		C3		A4		B4		C4	
극수 번호	1						2						3						4					

❏ 시퀀스도(코일 결선)

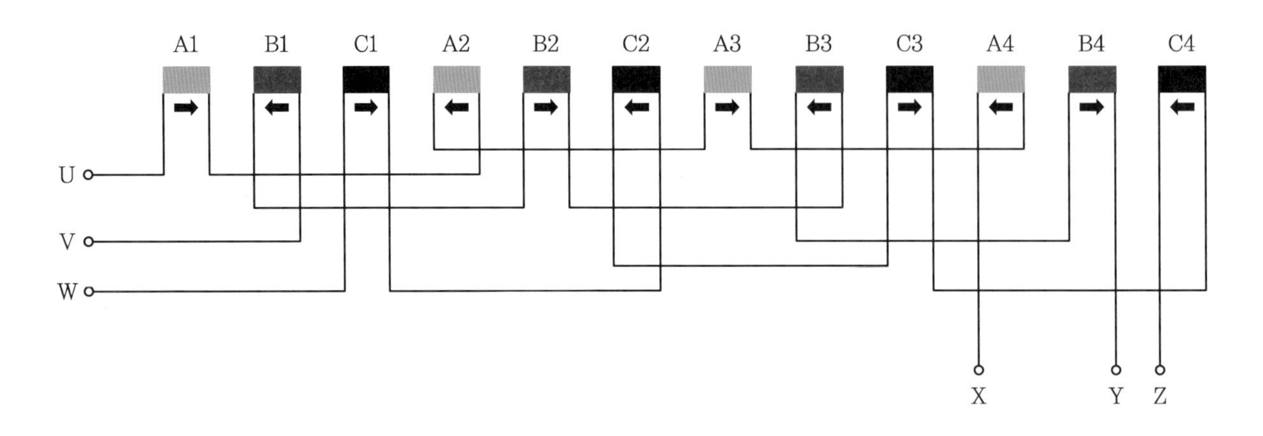

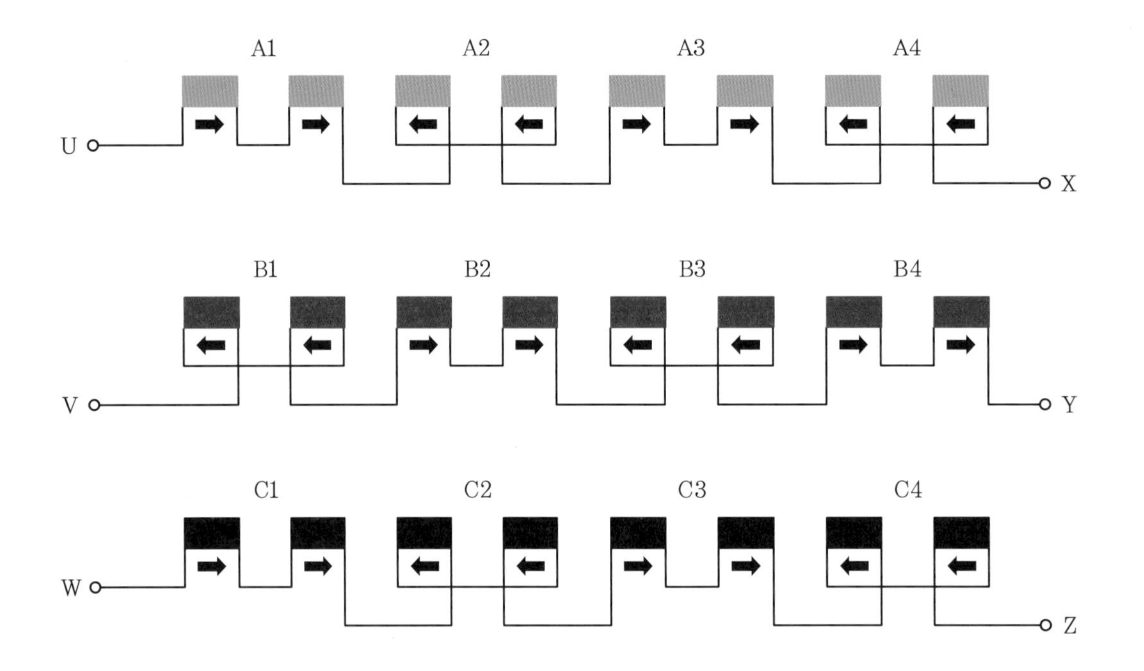

Y결선은 X, Y, Z 단자를 결선하고 U, V, W 단자에 전원을 넣으며, Δ결선은 U–Y, V–Z, W–X 단자를 결선한다.

❑ 회로도 (코일 삽입)

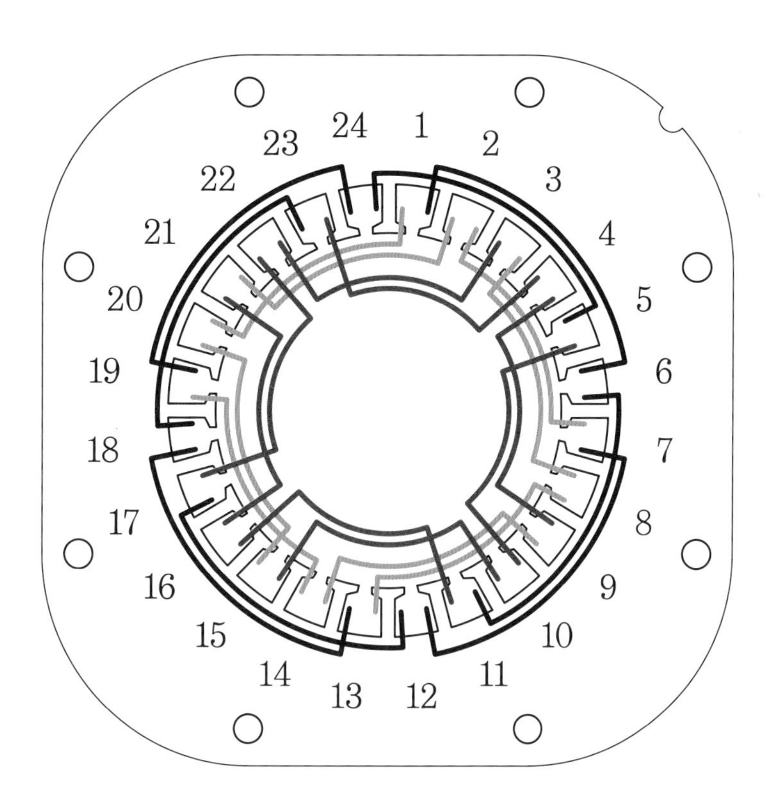

❑ 지시 사항 및 안전 사항

1. 슬롯 절연은 0.25mm 절연지를 사용하였고, 턱받이의 길이가 2~5mm 이내로 한다.
2. 파이버지로 쐐기를 삽입하고, 긴 것과 짧은 것의 차가 1mm 이내로 한다.
3. 0.13mm 절연지를 사용하여 코일 상호간을 분리되도록 층간 절연 및 상간 절연한다.
4. 코일 가닥이 교차됨이 없이 삽입하고 구부러짐이 없이 삽입되도록 한다.
5. 리드선을 300mm 정도 인출하고, 리드선의 끝 피복을 최소 10~30mm 벗긴다.
6. 접속점에 모두 납땜을 하고 굵기에 따라 절연 튜브를 사용한다.
7. 철심으로부터 코일 단부의 높이가 30mm 이내가 되도록 한다.

❑ 평가 요목

평가 영역		세부 평가 내용	배점
회로 해석		주어진 과제의 코일 결선 회로 해석은 바른가?	10
요소 작업	코일 절연	절연지의 외형과 절연 방법은 바른가?	10
	코일 삽입	가지런히 코일을 삽입하고 파이버지를 끼웠는가?	10
	코일 묶기	리드선 및 코일은 호밍사로 가지런히 묶었는가?	10
동작 사항		주어진 회로와 일치하여 전동기가 회전하는가?	20
실습 태도	실습 준비	공구 및 실습 준비는 철저한가?	10
	재료 사용	실습 재료의 사용은 경제적인가?	10
	문제 해결	발생한 문제의 해결에 적극적이며 방법은 바람직한가?	10
실습 시간		정해진 시간 이내에 작업하였는가?	10
합계			100

실험·실습 과제 (18)

실습 번호	4-3	실습 과제명	3상 4극 유도 전동기 제작	소요 시간	3시간

학번 (　　　　　　) 이름 (　　　　　　　　)

❑ 실습 목적

• 3상 4극 유도 전동기의 코일 배치도 및 결선도를 해석할 수 있다.
• 코일 배치도 및 결선도에 따라 전동기를 제작할 수 있다.

❑ 실험·실습 기자재 활용

번호	기자재명 및 공구명	규격	수량	비고
1	전기 기기 실습 장비	SNET-E100	1	
2				
3				
4				
5				
6				

❑ 실험·실습 소요 재료 내역

번호	재료명	규격	수량	번호	재료명	규격	수량
1	고정자	36슬롯	1	7	절연 튜브	ϕ2mm	1m
2	코일	ϕ0.5mm	1.6kg	8	절연 튜브	ϕ5mm	0.5m
3	파이버지	0.8t×200×250mm	1장	9	호밍사	ϕ2mm	5m
4	절연지	0.25t×200×1000mm	1장	10	리드선	30/0.18mm×1C	2m
5	절연지	0.12t×200×1000mm	1장	11	실납	ϕ1mmSN60%	1m
6	사포	180	1장				

❏ 조작 사항(코일 배치) – ϕ0.5 50회

상층 코일	28′	29′	30′	31′	32′	33′	34′	35′	36′	1′	2′	3′	4′	5′	6′	7′	8′	9′	10′	11′	12′	13′	14′	15′	16′	17′	18′	19′	20′	21′	22′	23′	24′	25′	26′	27′
하층 코일	1	2	3	4	5	6	7	8	9	10	11	12	13	14	15	16	17	18	19	20	21	22	23	24	25	26	27	28	29	30	31	32	33	34	35	36
극당 상수	A1			B1			C1			A2			B2			C2			A3			B3			C3			A4			B4			C4		
극수 번호	1									2									3									4								

❏ 시퀀스도(코일 결선)

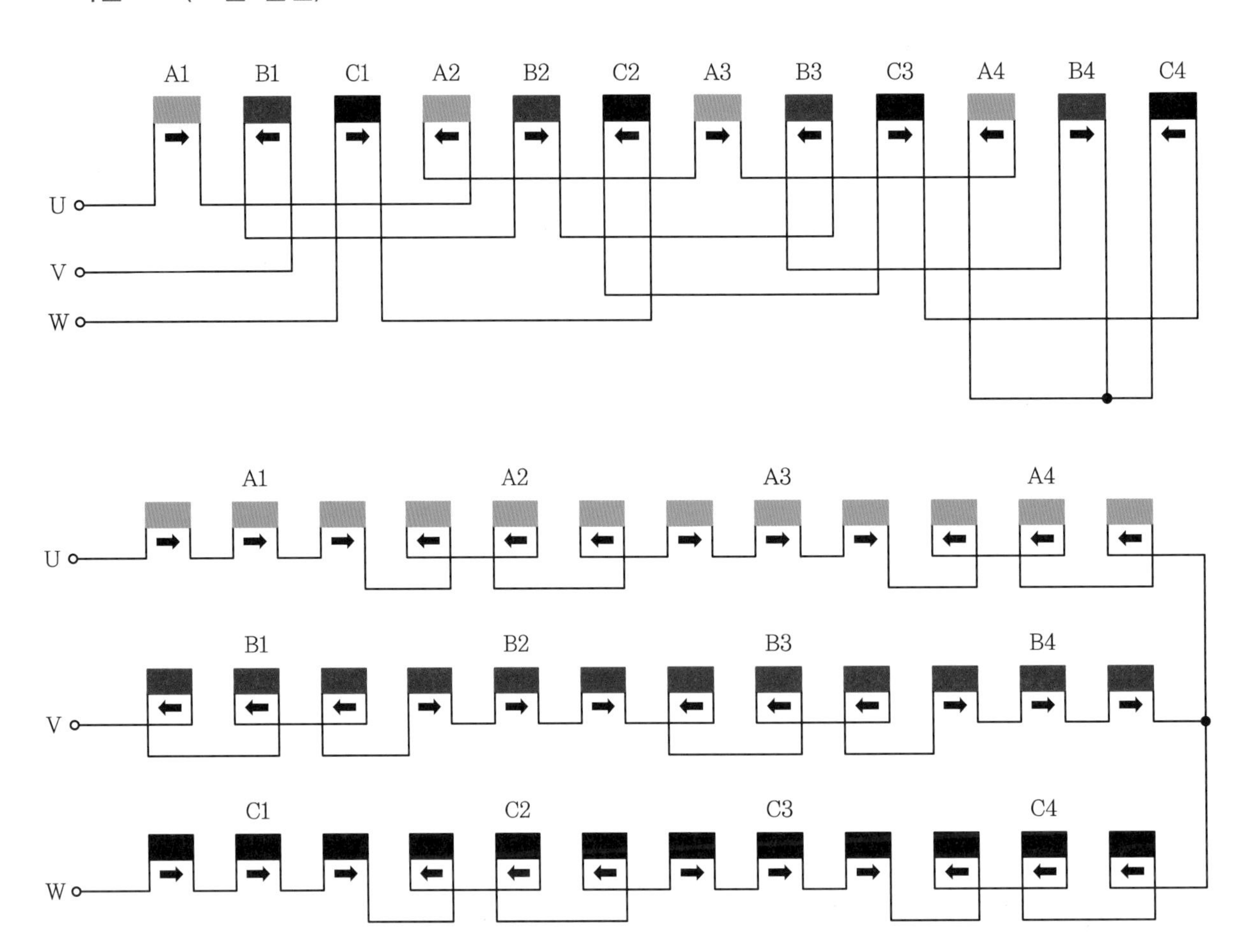

❏ 회로도(코일 삽입)

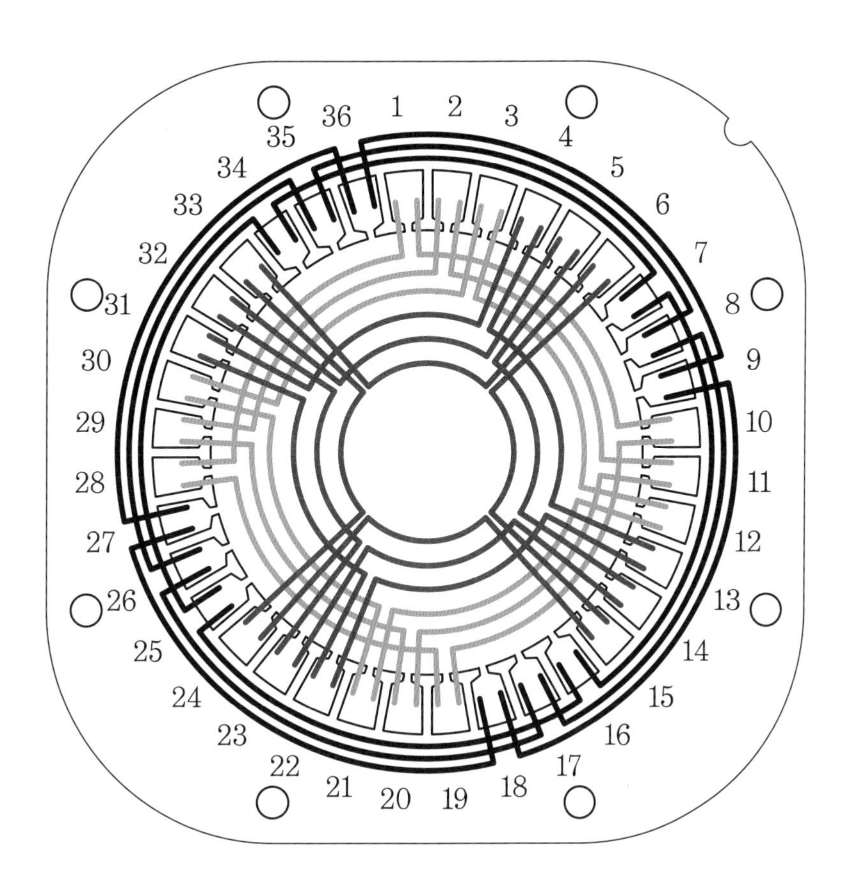

❏ 지시 사항 및 안전 사항

1. 슬롯 절연은 0.25mm 절연지를 사용하였고, 턱받이의 길이가 2~5mm 이내로 한다.
2. 파이버지로 쐐기를 삽입하고, 긴 것과 짧은 것의 차가 1mm 이내로 한다.
3. 0.13mm 절연지를 사용하여 코일 상호간을 분리되도록 층간 절연 및 상간 절연한다.
4. 코일 가닥이 교차됨이 없이 삽입하고, 구부러짐이 없이 삽입되도록 한다.
5. 리드선을 300mm 정도 인출하고, 리드선의 끝 피복을 최소 10~30mm 벗긴다.
6. 접속점에 모두 납땜을 하고 굵기에 따라 절연 튜브를 사용한다.

❑ 평가 요목

평가 영역		세부 평가 내용	배점
회로 해석		주어진 과제의 코일 결선 회로 해석은 바른가?	10
요소 작업	코일 절연	절연지의 외형과 절연 방법은 바른가?	10
	코일 삽입	가지런히 코일을 삽입하고 파이버지를 끼웠는가?	10
	코일 묶기	리드선 및 코일은 호밍사로 가지런히 묶었는가?	10
동작 사항		주어진 회로와 일치하여 전동기가 회전하는가?	20
실습 태도	실습 준비	공구 및 실습 준비는 철저한가?	10
	재료 사용	실습 재료의 사용은 경제적인가?	10
	문제 해결	발생한 문제의 해결에 적극적이며 방법은 바람직한가?	10
실습 시간		정해진 시간 이내에 작업하였는가?	10
합계			100

실험·실습 과제 (19)

실습 번호	4-4	실습 과제명	3상 4극 유도 전동기 제작	소요 시간	3시간

학번 (   ) 이름 (   )

❑ 실습 목적

- 3상 4극 유도 전동기의 코일 배치도 및 결선도를 해석할 수 있다.
- 코일 배치도 및 결선도에 따라 전동기를 제작할 수 있다.

❑ 실험·실습 기자재 활용

번호	기자재명 및 공구명	규격	수량	비고
1	전기 기기 실습 장비	SNET-E100	1	
2				
3				

❑ 실험·실습 소요 재료 내역

번호	재료명	규격	수량	번호	재료명	규격	수량
1	고정자	36슬롯	1	7	절연 튜브	ϕ2mm	1m
2	코일	ϕ0.5mm	1.6kg	8	절연 튜브	ϕ5mm	0.5m
3	파이버지	0.8t×200×250mm	1장	9	호밍사	ϕ2mm	5m
4	절연지	0.25t×200×1000mm	1장	10	리드선	30/0.18mm×1C	2m
5	절연지	0.12t×200×1000mm	1장	11	실납	ϕ1mmSN60%	1m
6	사포	180	1장				

❑ 조작 사항(코일 배치) – ϕ0.5 50회

1 2 3 4 5 6 7 8 9 10 11 12 13 14 15 16 17 18 19 20 21 22 23 24 25 26 27 28 29 30 31 32 33 34 35 36

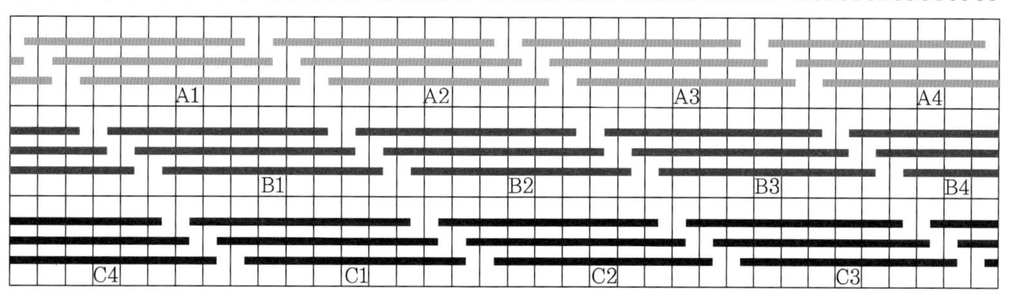

□ 시퀀스도 (코일 결선)

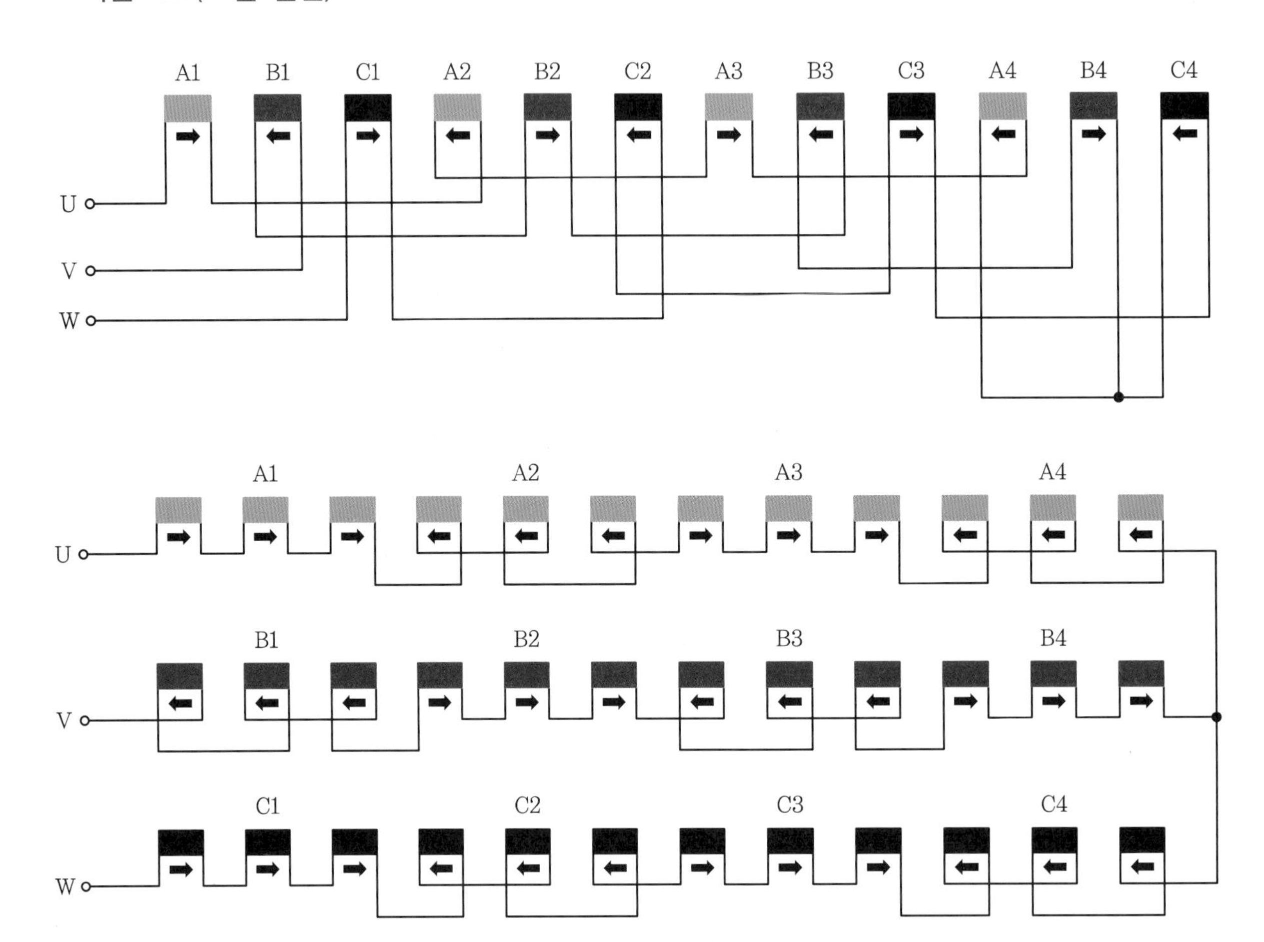
A1
B1
C1
A2
B2
C2
A3
B3
C3
A4
B4
C4
U
V
W
A1
A2
A3
A4
U
B1
B2
B3
B4
V
C1
C2
C3
C4
W

❏ 회로도 (코일 삽입)

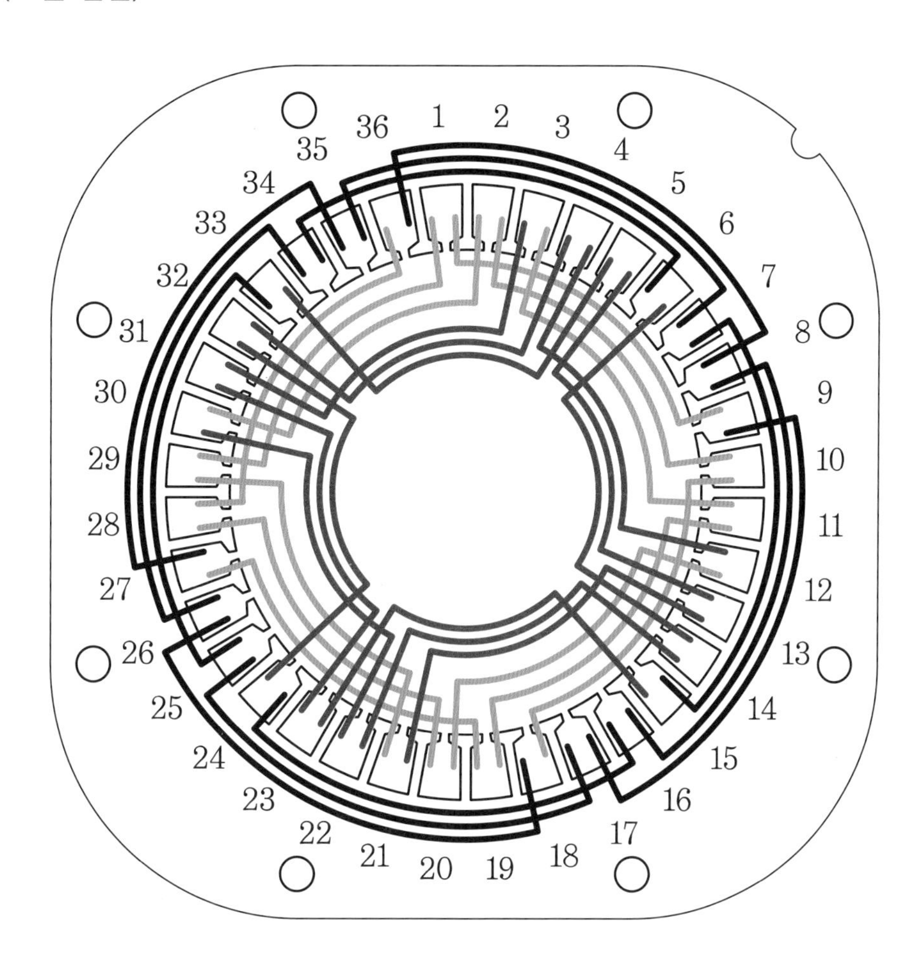

❏ 지시 사항 및 안전 사항

1. 슬롯 절연은 0.25mm 절연지를 사용하였고, 턱받이의 길이가 2~5mm 이내로 한다.
2. 파이버지로 쐐기를 삽입하고, 긴 것과 짧은 것의 차가 1mm 이내로 한다.
3. 0.13mm 절연지를 사용하여 코일 상호간을 분리되도록 층간 절연 및 상간 절연한다.
4. 코일 가닥이 교차됨이 없이 삽입하고, 구부러짐이 없이 삽입되도록 한다.
5. 리드선을 300mm 정도 인출하고 리드선의 끝 피복을 최소 10~30mm 벗긴다.
6. 접속점에 모두 납땜을 하고 굵기에 따라 절연 튜브를 사용한다.

❑ 평가 요목

평가 영역		세부 평가 내용	배점
회로 해석		주어진 과제의 코일 결선 회로 해석은 바른가?	10
요소 작업	코일 절연	절연지의 외형과 절연 방법은 바른가?	10
	코일 삽입	가지런히 코일을 삽입하고 파이버지를 끼웠는가?	10
	코일 묶기	리드선 및 코일은 호밍사로 가지런히 묶었는가?	10
동작 사항		주어진 회로와 일치하여 전동기가 회전하는가?	20
실습 태도	실습 준비	공구 및 실습 준비는 철저한가?	10
	재료 사용	실습 재료의 사용은 경제적인가?	10
	문제 해결	발생한 문제의 해결에 적극적이며 방법은 바람직한가?	10
실습 시간		정해진 시간 이내에 작업하였는가?	10
합계			100

실험·실습 과제 (20)

실습 번호	4-5	실습 과제명	3상 4극 유도 전동기 제작	소요 시간	3시간

학번 (   ) 이름 (   )

❏ 실습 목적

- 3상 4극 유도 전동기의 코일 배치도 및 결선도를 해석할 수 있다.
- 코일 배치도 및 결선도에 따라 전동기를 제작할 수 있다.

❏ 실험·실습 기자재 활용

번호	기자재명 및 공구명	규격	수량	비고
1	전기 기기 실습 장비	SNET−E100	1	
2				
3				
4				
5				
6				

❏ 실험·실습 소요 재료 내역

번호	재료명	규격	수량	번호	재료명	규격	수량
1	고정자	36슬롯	1	7	절연 튜브	ϕ2mm	1m
2	코일	ϕ0.35mm	1.6kg	8	절연 튜브	ϕ5mm	0.5m
3	파이버지	0.8t×200×250mm	1장	9	호밍사	ϕ2mm	5m
4	절연지	0.25t×200×1000mm	1장	10	리드선	30/0.18mm×1C	2m
5	절연지	0.12t×200×1000mm	1장	11	실납	ϕ1mmSN60%	1m
6	사포	180	1장				

❏ 조작사항(코일배치) − ϕ0.35 97회

상층 코일	31′	32′	33′	34′	35′	36′	1′	2′	3′	4′	5′	6′	7′	8′	9′	10′	11′	12′	13′	14′	15′	16′	17′	18′	19′	20′	21′	22′	23′	24′	25′	26′	27′	28′	29′	30′
하층 코일	1	2	3	4	5	6	7	8	9	10	11	12	13	14	15	16	17	18	19	20	21	22	23	24	25	26	27	28	29	30	31	32	33	34	35	36
극당 상수	A						B						C						A′						B′						C′					

❏ 시퀀스도 (코일 결선)

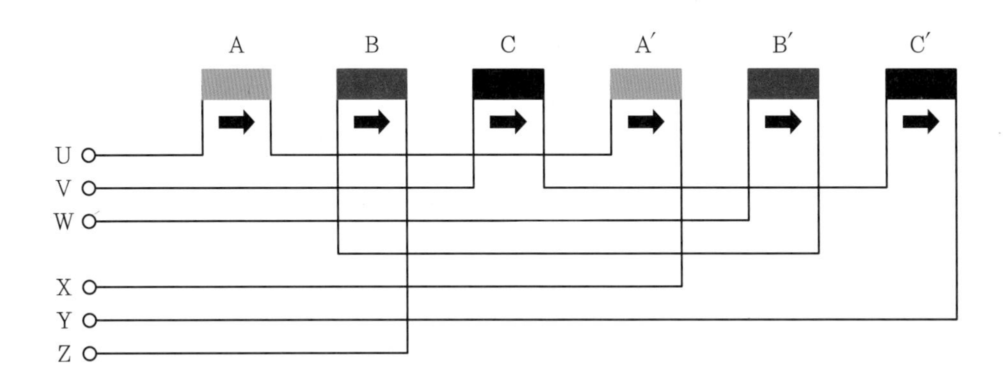

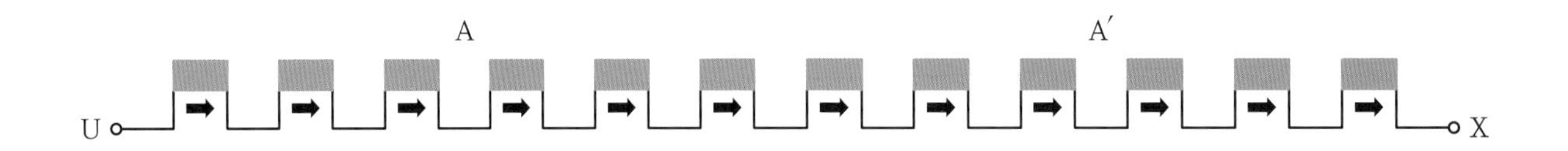

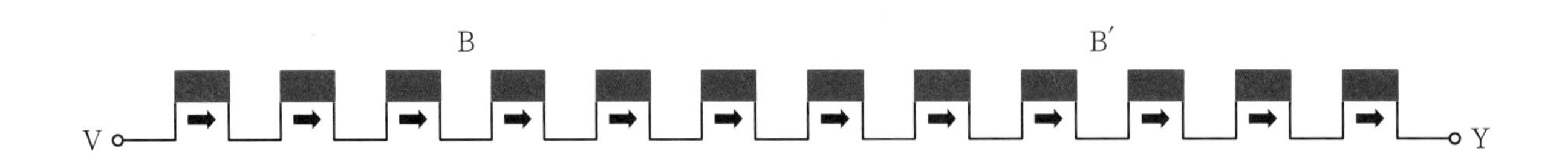

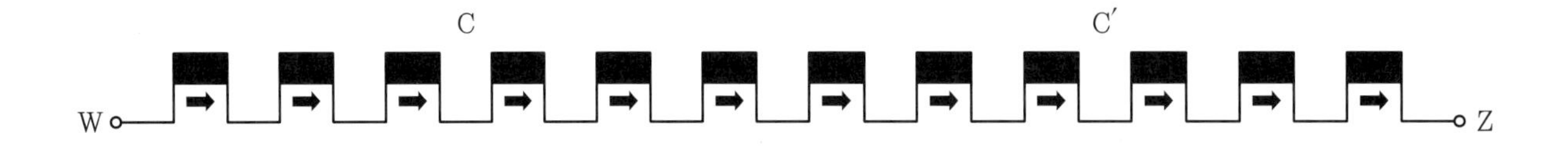

❑ 회로도(코일 삽입)

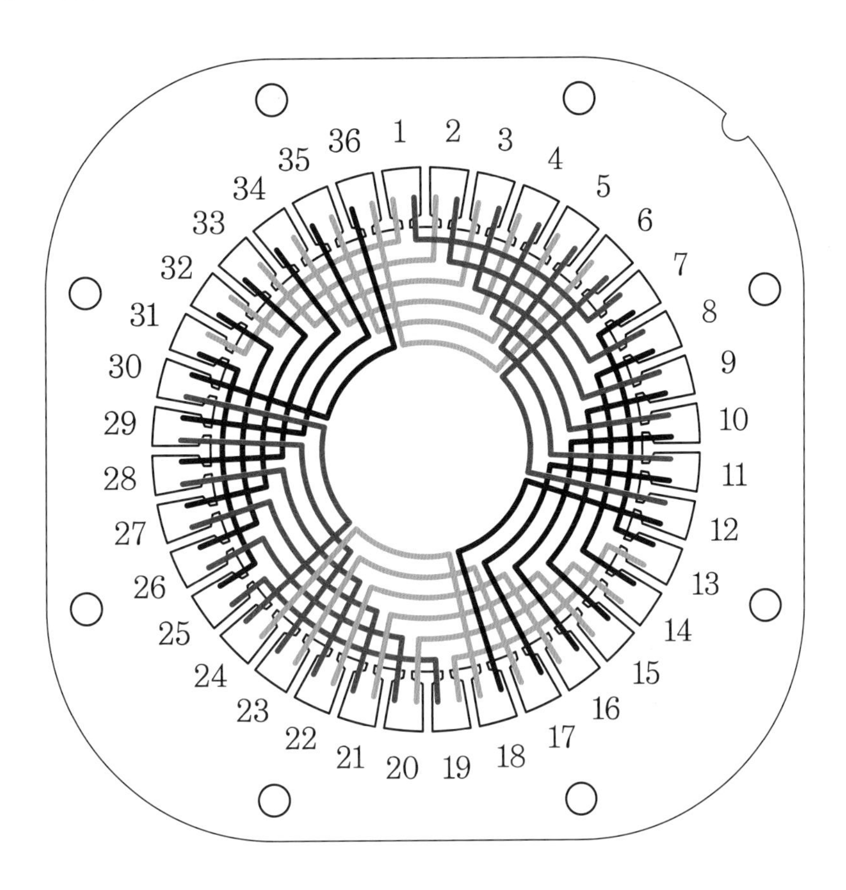

❑ 지시 사항 및 안전 사항

1. 슬롯 절연은 0.25mm 절연지를 사용하였고, 턱받이의 길이가 2~5mm 이내로 한다.
2. 파이버지로 쐐기를 삽입하고, 긴 것과 짧은 것의 치가 1mm 이내로 한다.
3. 0.13mm 절연지를 사용하여 코일 상호간을 분리되도록 층간 절연 및 상간 절연한다.
4. 코일 가닥이 교차됨이 없이 삽입하고, 구부러짐이 없이 삽입되도록 한다.
5. 리드선을 300mm 정도 인출하고, 리드선의 끝 피복을 최소 10~30mm 벗긴다.
6. 접속점에 모두 납땜을 하고 굵기에 따라 절연 튜브를 사용한다.
7. 철심으로부터 코일 단부의 높이가 30mm 이내가 되도록 한다.

❑ 평가 요목

평가 영역		세부 평가 내용	배점
회로 해석		주어진 과제의 코일 결선 회로 해석은 바른가?	10
요소 작업	코일 절연	절연지의 외형과 절연 방법은 바른가?	10
	코일 삽입	가지런히 코일을 삽입하고 파이버지를 끼웠는가?	10
	코일 묶기	리드선 및 코일은 호밍사로 가지런히 묶었는가?	10
동작 사항		주어진 회로와 일치하여 전동기가 회전하는가?	20
실습 태도	실습 준비	공구 및 실습 준비는 철저한가?	10
	재료 사용	실습 재료의 사용은 경제적인가?	10
	문제 해결	발생한 문제의 해결에 적극적이며 방법은 바람직한가?	10
실습 시간		정해진 시간 이내에 작업하였는가?	10
합계			100

실험·실습 과제 (21)

실습 번호	4-6	실습 과제명	3상 8극 유도 전동기 제작	소요 시간	3시간

학번 (   ) 이름 (   )

❑ 실습 목적

- 3상 8극 유도 전동기의 코일 배치도 및 결선도를 해석할 수 있다.
- 코일 배치도 및 결선도에 따라 전동기를 제작할 수 있다.

❑ 실험·실습 기자재 활용

번호	기자재명 및 공구명	규격	수량	비고
1	전기 기기 실습 장비	SNET-E100	1	
2				
3				

❑ 실험·실습 소요 재료 내역

번호	재료명	규격	수량	번호	재료명	규격	수량
1	고정자	24슬롯	1	7	절연 튜브	ϕ2mm	1m
2	코일	ϕ0.5mm	1.6kg	8	절연 튜브	ϕ5mm	0.5m
3	파이버지	0.8t×200×250mm	1장	9	호밍사	ϕ2mm	5m
4	절연지	0.25t×200×1000mm	1장	10	리드선	30/0.18mm×1C	2m
5	절연지	0.12t×200×1000mm	1장	11	실납	ϕ1mmSN60%	1m
6	사포	180	1장				

❑ 조작 사항(코일 배치) – ϕ0.5 50회

상층 코일	20	21	22	23	24	1	2	3	4	5	6	7	8	9	10	11	12	13	14	15	16	17	18	19
하층 코일	1	2	3	4	5	6	7	8	9	10	11	12	13	14	15	16	17	18	19	20	21	22	23	24
극당 상수	A1		B1		C1		A2		B2		C2		A3		B3		C3		A4		B4		C4	
극수 번호	1						2						3						4					

❑ 시퀀스도 (코일 결선)

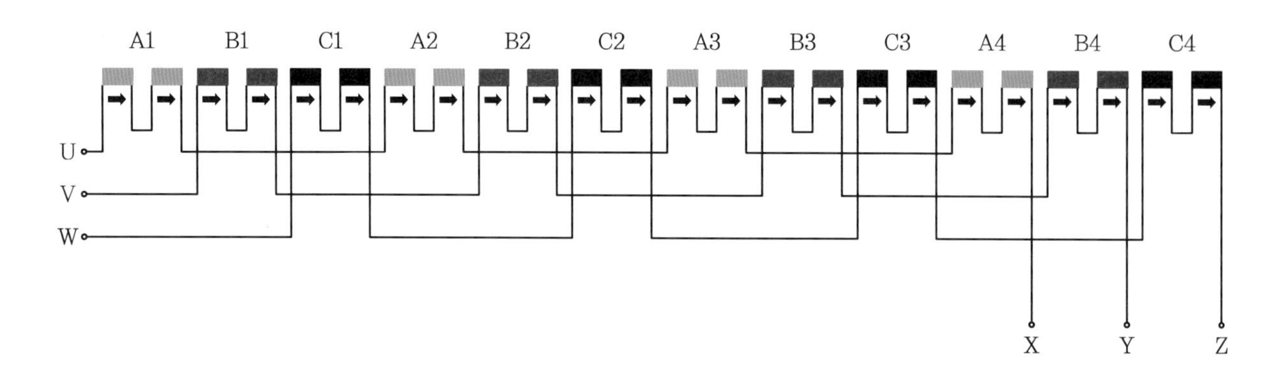

❑ 회로도 (코일 삽입)

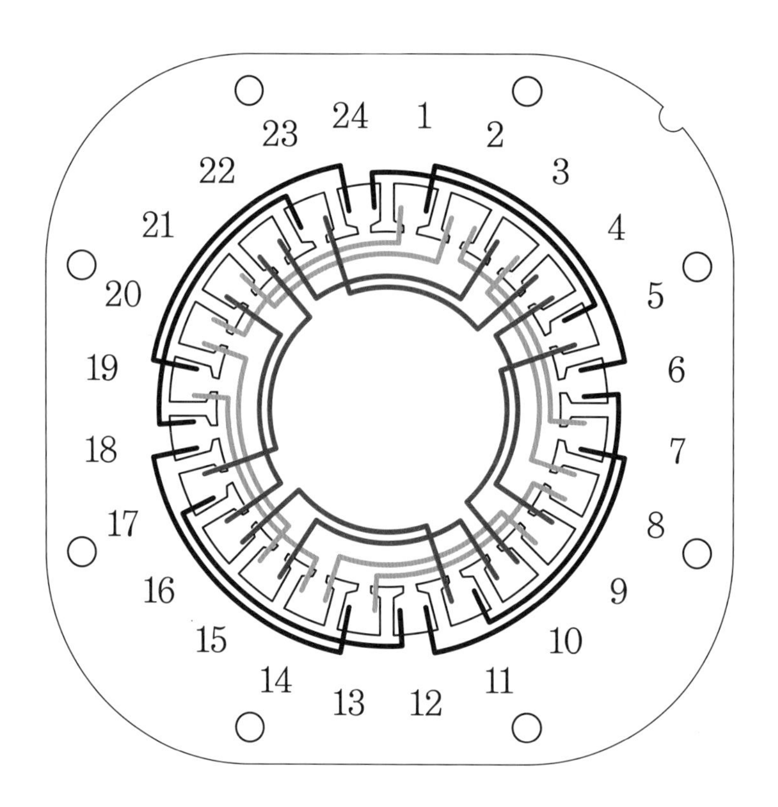

❑ 지시 사항 및 안전 사항

1. 슬롯 절연은 0.25mm 절연지를 사용하였고, 턱받이의 길이가 2~5mm 이내로 한다.
2. 파이버지로 쐐기를 삽입하고, 긴 것과 짧은 것의 차가 1mm 이내로 한다.
3. 0.13mm 절연지를 사용하여 코일 상호간을 분리되도록 층간 절연 및 상간 절연한다.
4. 코일 가닥이 교차됨이 없이 삽입하고, 구부러짐이 없이 삽입되도록 한다.
5. 리드선을 300mm 정도 인출하고, 리드선의 끝 피복을 최소 10~30mm 벗긴다.
6. 접속점에 모두 납땜을 하고, 굵기에 따라 절연 튜브를 사용한다.
7. 철심으로부터 코일 단부의 높이가 30mm 이내가 되도록 한다.

❑ 평가 요목

평가 영역		세부 평가 내용	배점
회로 해석		주어진 과제의 코일 결선 회로 해석은 바른가?	10
요소 작업	코일 절연	절연지의 외형과 절연 방법은 바른가?	10
	코일 삽입	가지런히 코일을 삽입하고 파이버지를 끼웠는가?	10
	코일 묶기	리드선 및 코일은 호밍사로 가지런히 묶었는가?	10
동작 사항		주어진 회로와 일치하여 전동기가 회전하는가?	20
실습 태도	실습 준비	공구 및 실습 준비는 철저한가?	10
	재료 사용	실습 재료의 사용은 경제적인가?	10
	문제 해결	발생한 문제의 해결에 적극적이며 방법은 바람직한가?	10
실습 시간		정해진 시간 이내에 작업하였는가?	10
합계			100

실험 · 실습 과제 (22)

실습 번호	5-1	실습 과제명	3상 2/4극 110/220[V] 겸용 유도 전동기 제작	소요 시간	3시간

학번 ( ) 이름 ( )

❏ 실습 목적

- 3상 2/4극 110/220[V] 겸용 유도 전동기의 코일 배치도 및 결선도를 해석할 수 있다.
- 코일 배치도 및 결선도에 따라 전동기를 제작할 수 있다.

❏ 실험 · 실습 기자재 활용

번호	기자재명 및 공구명	규격	수량	비고
1	전기 기기 실습 장비	SNET-E100	1	
2				
3				

❏ 실험 · 실습 소요 재료 내역

번호	재료명	규격	수량	번호	재료명	규격	수량
1	고정자	24슬롯	1	7	절연 튜브	ϕ2mm	1m
2	코일	ϕ0.3m	1.6kg	8	절연 튜브	ϕ5mm	0.5m
3	파이버지	0.8t×200×250mm	1장	9	호밍사	ϕ2mm	5m
4	절연지	0.25t×200×1000mm	1장	10	리드선	30/0.18mm×1C	2m
5	절연지	0.12t×200×1000mm	1장	11	실납	ϕ1mmSN60%	1m
6	사포	180	1장				

❏ 조작 사항 (코일 배치)

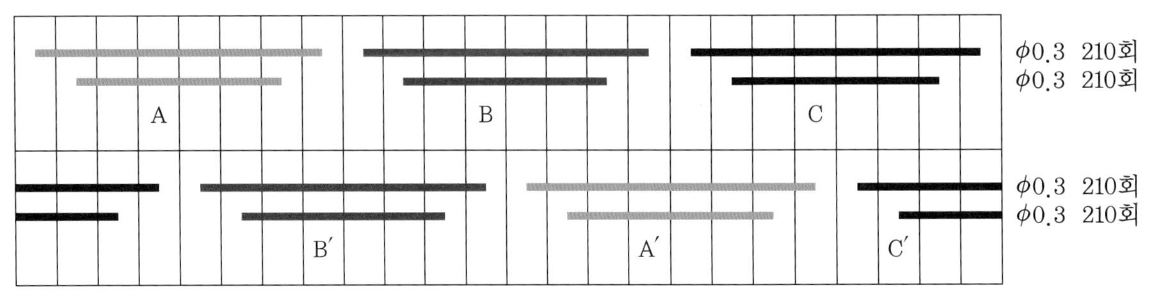

❑ 시퀀스도(코일 결선)

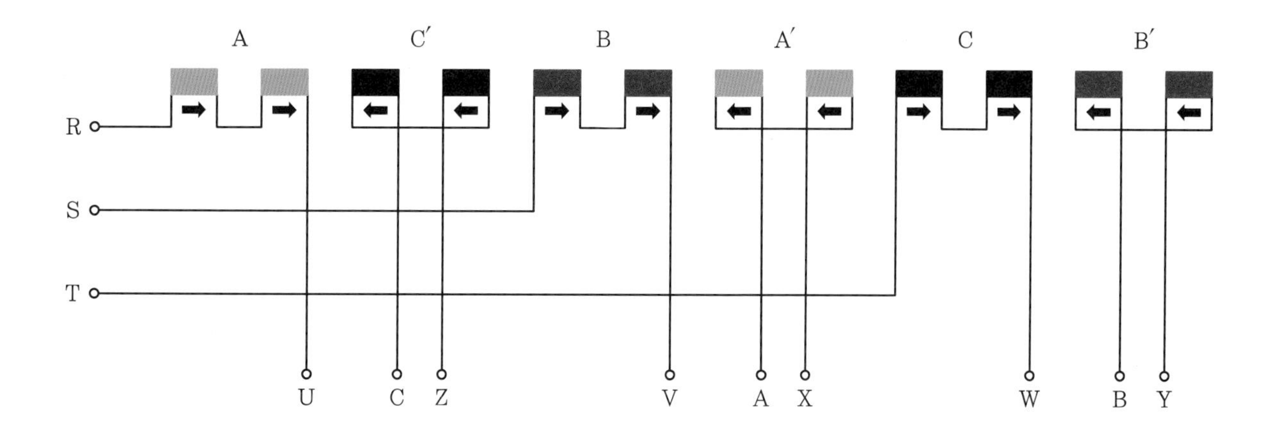

110[V]	2극	R-A, S-B, T-C 결선, U-V-W 단락
	4극	R-X, S-Y, T-Z 결선, A-B-C 단락
220[V]	2극	U-A, V-B, W-C 결선, X-Y-Z 단락
	4극	U-X, V-Y, W-Z 결선, A-B-C 단락

❑ 회로도(코일 삽입)

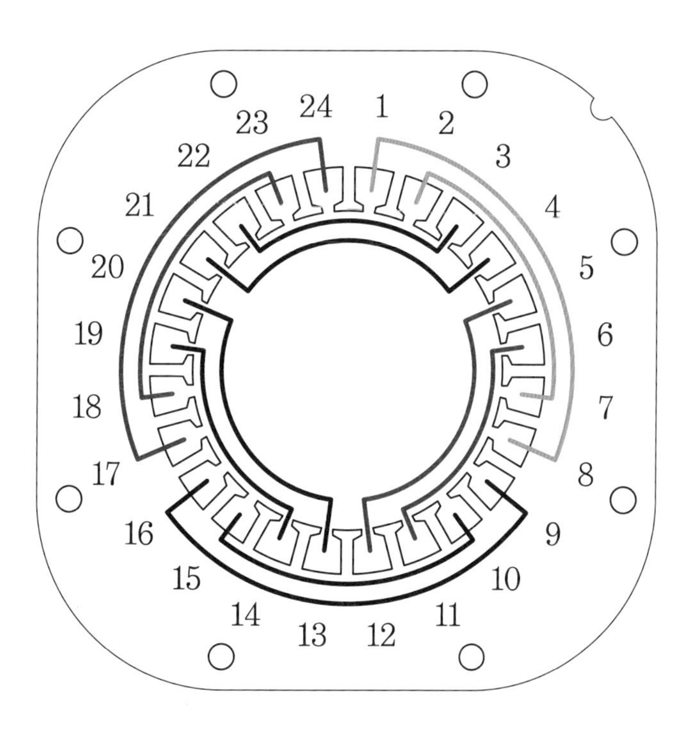

❑ 지시 사항 및 안전 사항

1. 슬롯 절연은 0.25mm 절연지를 사용하였고, 턱받이의 길이가 2~5mm 이내로 한다.
2. 파이버지로 쐐기를 삽입하고, 긴 것과 짧은 것의 차가 1mm 이내로 한다.
3. 0.13mm 절연지를 사용하여 코일 상호간을 분리되도록 층간 절연 및 상간 절연한다.
4. 코일 가닥이 교차됨이 없이 삽입하고, 구부러짐이 없이 삽입되도록 한다.
5. 리드선을 300mm 정도 인출하고, 리드선의 끝 피복을 최소 10~30mm 벗긴다.
6. 접속점에 모두 납땜을 하고, 굵기에 따라 절연 튜브를 사용한다.
7. 철심으로부터 코일 단부의 높이가 30mm 이내가 되도록 한다.

❑ 평가 요목

평가 영역		세부 평가 내용	배점
회로 해석		주어진 과제의 코일 결선 회로 해석은 바른가?	10
요소 작업	코일 절연	절연지의 외형과 절연 방법은 바른가?	10
	코일 삽입	가지런히 코일을 삽입하고 파이버지를 끼웠는가?	10
	코일 묶기	리드선 및 코일은 호밍사로 가지런히 묶었는가?	10
동작 사항		주어진 회로와 일치하여 전동기가 회전하는가?	20
실습 태도	실습 준비	공구 및 실습 준비는 철저한가?	10
	재료 사용	실습 재료의 사용은 경제적인가?	10
	문제 해결	발생한 문제의 해결에 적극적이며 방법은 바람직한가?	10
실습 시간		정해진 시간 이내에 작업하였는가?	10
합계			100

실험·실습 과제 (23)

실습 번호	5-2	실습 과제명	3상 2극 중복 결선 유도 전동기 제작	소요 시간	3시간

학번 ( ) 이름 ( )

❏ 실습 목적

- 3상 2극 중복 결선 유도 전동기의 코일 배치도 및 결선도를 해석할 수 있다.
- 코일 배치도 및 결선도에 따라 전동기를 제작할 수 있다.

❏ 실험·실습 기자재 활용

번호	기자재명 및 공구명	규격	수량	비고
1	전기 기기 실습 장비	SNET-E100	1	
2				
3				

❏ 실험·실습 소요 재료 내역

번호	재료명	규격	수량	번호	재료명	규격	수량
1	고정자	24슬롯	1	7	절연 튜브	ϕ2mm	1m
2	코일	ϕ0.3m	1.6kg	8	절연 튜브	ϕ5mm	0.5m
3	파이버지	0.8t×200×250mm	1장	9	호밍사	ϕ2mm	5m
4	절연지	0.25t×200×1000mm	1장	10	리드선	30/0.18mm×1C	2m
5	절연지	0.12t×200×1000mm	1장	11	실납	ϕ1mmSN60%	1m
6	사포	180	1장				

❏ 조작 사항(코일 배치)

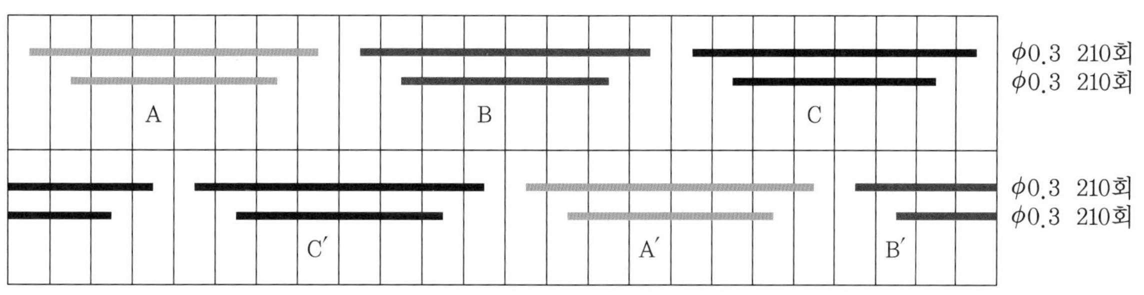

❑ 시퀀스도 (코일 결선)

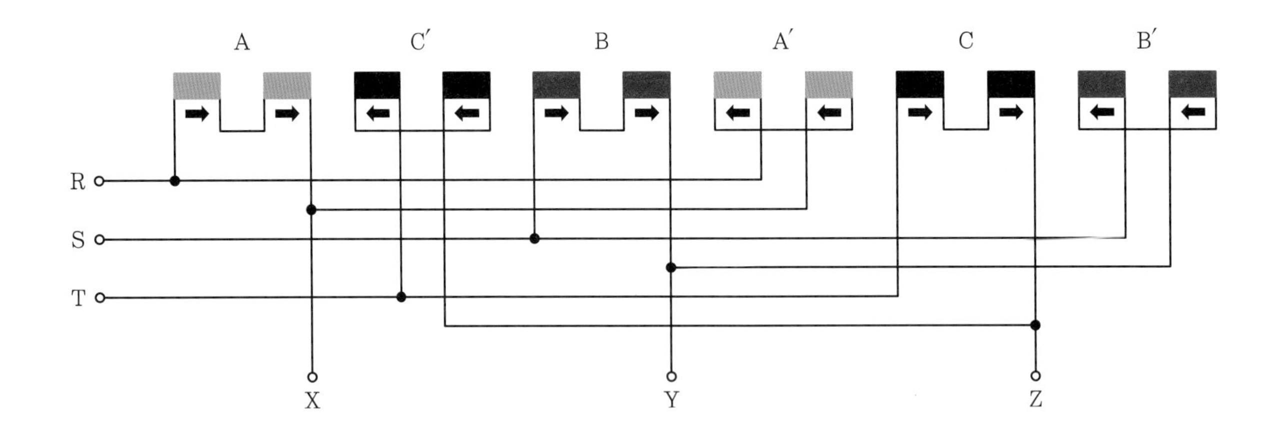

❑ 회로도 (코일 삽입)

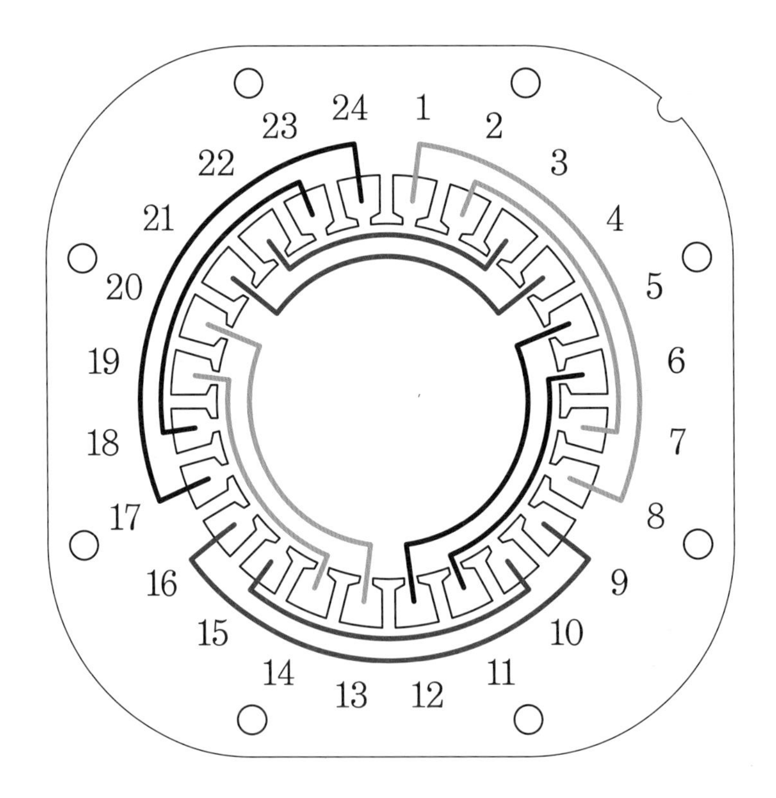

❑ 지시 사항 및 안전 사항

1. 슬롯 절연은 0.25mm 절연지를 사용하였고, 턱받이의 길이가 2~5mm 이내로 한다.
2. 파이버지로 쐐기를 삽입하고, 긴 것과 짧은 것의 차가 1mm 이내로 한다.
3. 0.13mm 절연지를 사용하여 코일 상호간을 분리되도록 층간 절연 및 상간 절연한다.
4. 코일 가닥이 교차됨이 없이 삽입하고, 구부러짐이 없이 삽입되도록 한다.
5. 리드선을 300mm 정도 인출하고, 리드선의 끝 피복을 최소 10~30mm 벗긴다.
6. 접속점에 모두 납땜을 하고, 굵기에 따라 절연 튜브를 사용한다.
7. 철심으로부터 코일 단부의 높이가 30mm 이내가 되도록 한다.

❑ 평가 요목

평가 영역		세부 평가 내용	배점
회로 해석		주어진 과제의 코일 결선 회로 해석은 바른가?	10
요소 작업	코일 절연	절연지의 외형과 절연 방법은 바른가?	10
	코일 삽입	가지런히 코일을 삽입하고 파이버지를 끼웠는가?	10
	코일 묶기	리드선 및 코일은 호밍사로 가지런히 묶었는가?	10
동작 사항		주어진 회로와 일치하여 전동기가 회전하는가?	20
실습 태도	실습 준비	공구 및 실습 준비는 철저한가?	10
	재료 사용	실습 재료의 사용은 경제적인가?	10
	문제 해결	발생한 문제의 해결에 적극적이며 방법은 바람직한가?	10
실습 시간		정해진 시간 이내에 작업하였는가?	10
합계			100

실험·실습 과제 (24)

실습 번호	5-3	실습 과제명	3상 4극 중복 결선 유도 전동기 제작	소요 시간	3시간

학번 (　　　　　　) 이름 (　　　　　　　　)

❑ 실습 목적

- 3상 4극 중복 결선 유도 전동기의 코일 배치도 및 결선도를 해석할 수 있다.
- 코일 배치도 및 결선도에 따라 전동기를 제작할 수 있다.

❑ 실험·실습 기자재 활용

번호	기자재명 및 공구명	규격	수량	비고
1	전기 기기 실습 장비	SNET-E100	1	
2				
3				

❑ 실험·실습 소요 재료 내역

번호	재료명	규격	수량	번호	재료명	규격	수량
1	고정자	24슬롯	1	7	절연 튜브	ϕ2mm	1m
2	코일	ϕ0.5mm	1.6kg	8	절연 튜브	ϕ5mm	0.5m
3	파이버지	0.8t×200×250mm	1장	9	호밍사	ϕ2mm	5m
4	절연지	0.25t×200×1000mm	1장	10	리드선	30/0.18mm×1C	2m
5	절연지	0.12t×200×1000mm	1장	11	실납	ϕ1mmSN60%	1m
6	사포	180	1장				

❑ 조작 사항 (코일 배치) – ϕ0.3 100회

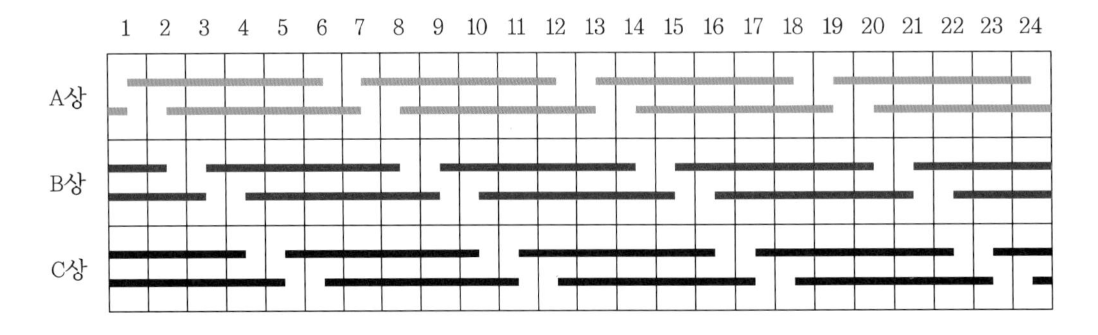

❑ 시퀀스도 (코일 결선)

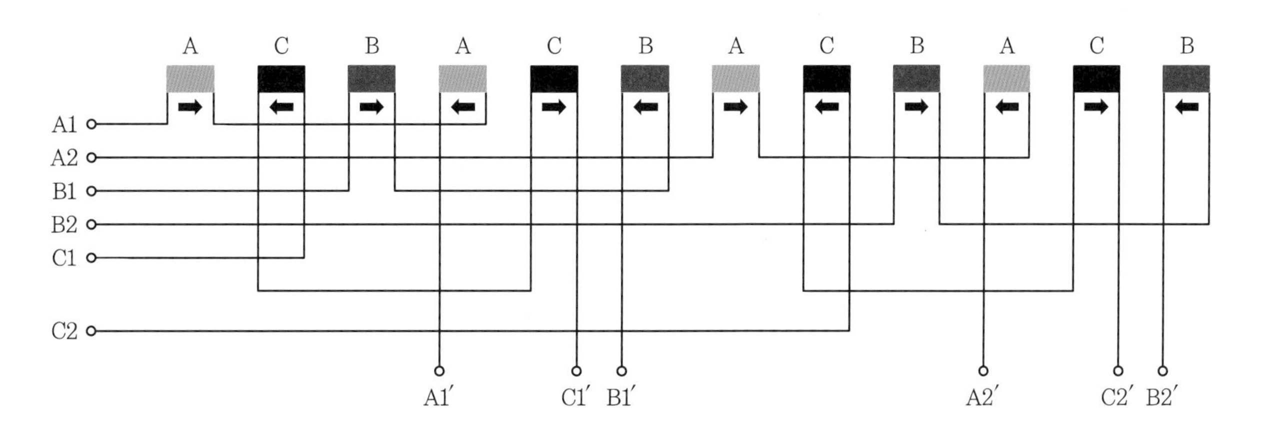

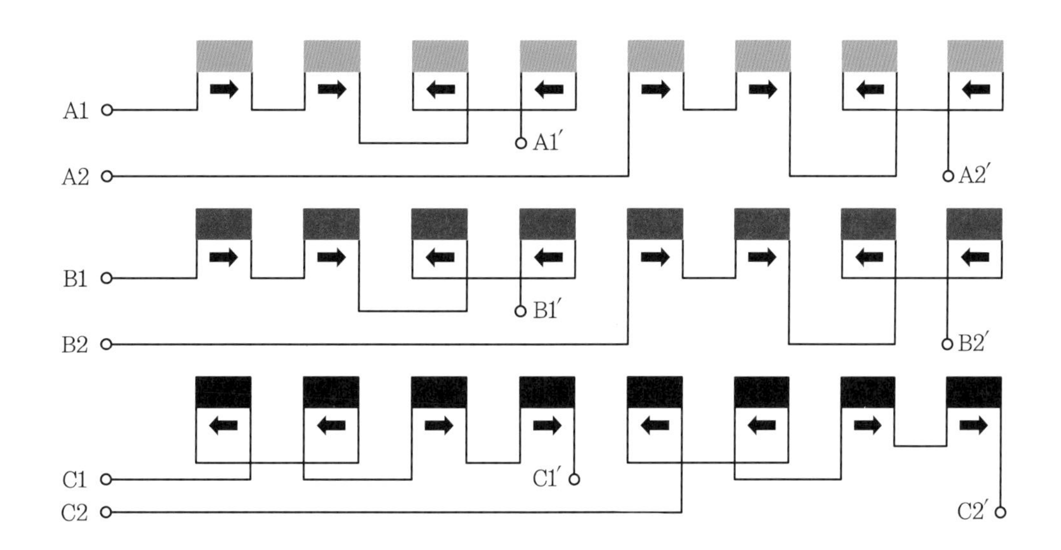

A1-A2, A1'-A2', B1-B2, B1'-B2', C1-C2, C1'-C2'를 각각 결선하고,

Y결선은 A1'-A2'-B1'-B2'-C1'-C2'를 결선하며,

Δ결선은 A1-A2-C1'-C2', B1-B2-A1'-A2', C1-C2-B1'-B2'를 결선한다.

❑ 회로도 (코일 삽입)

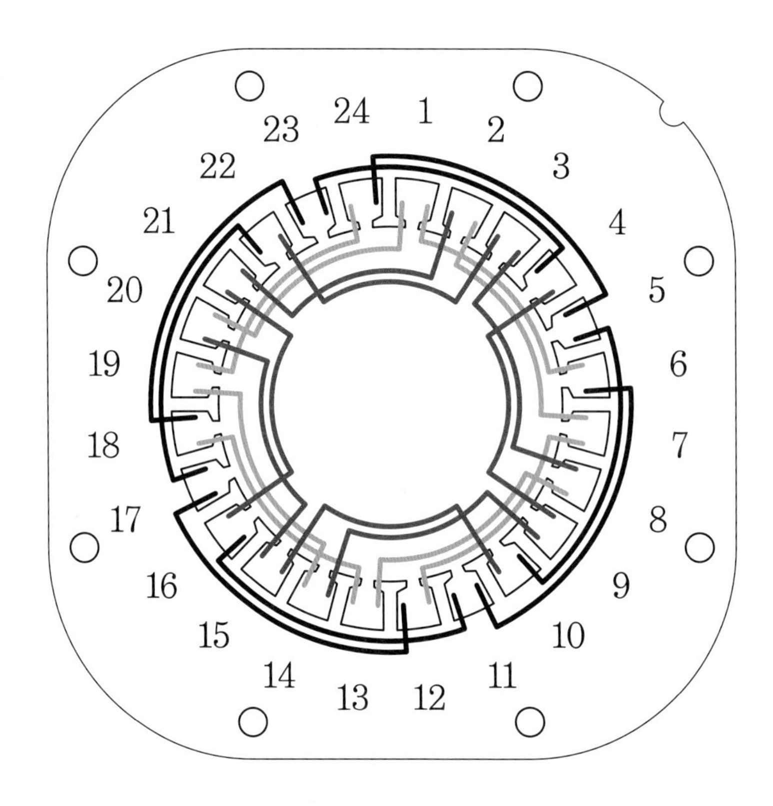

❑ 지시 사항 및 안전 사항

1. 슬롯 절연은 0.25mm 절연지를 사용하였고, 턱받이의 길이가 2~5mm 이내로 한다.
2. 파이버지로 쐐기를 삽입하고, 긴 것과 짧은 것의 차가 1mm 이내로 한다.
3. 0.13mm 절연지를 사용하여 코일 상호간을 분리되도록 층간 절연 및 상간 절연한다.
4. 코일 가닥이 교차됨이 없이 삽입하고, 구부러짐이 없이 삽입되도록 한다.
5. 리드선을 300mm 정도 인출하고, 리드선의 끝 피복을 최소 10~30mm 벗긴다.
6. 접속점에 모두 납땜을 하고, 굵기에 따라 절연 튜브를 사용한다.

❏ 평가 요목

평가 영역		세부 평가 내용	배점
회로 해석		주어진 과제의 코일 결선 회로 해석은 바른가?	10
요소 작업	코일 절연	절연지의 외형과 절연 방법은 바른가?	10
	코일 삽입	가지런히 코일을 삽입하고 파이버지를 끼웠는가?	10
	코일 묶기	리드선 및 코일은 호밍사로 가지런히 묶었는가?	10
동작 사항		주어진 회로와 일치하여 전동기가 회전하는가?	20
실습 태도	실습 준비	공구 및 실습 준비는 철저한가?	10
	재료 사용	실습 재료의 사용은 경제적인가?	10
	문제 해결	발생한 문제의 해결에 적극적이며 방법은 바람직한가?	10
실습 시간		정해진 시간 이내에 작업하였는가?	10
합계			100

전기 기기 제작 실험 실습

2023년 4월 10일 인쇄
2023년 4월 15일 발행

저자 : 원우연 · 김홍용 · 최태환
펴낸이 : 이정일

펴낸곳 : 도서출판 **일진사**
www.iljinsa.com

04317 서울시 용산구 효창원로 64길 6
대표전화 : 704-1616, 팩스 : 715-3536
이메일 : webmaster@iljinsa.com
등록번호 : 제1979-000009호(1979.4.2)

값 18,000원

ISBN : 978-89-429-1770-9